万用天文学

USING ASTRONOMY TO
SOLVE MYSTERIES IN ART, HISTORY AND LITERATURE

[美]唐纳德·奥尔森 —— 著

郑罗颖 —— 译

CELESTIAL SLEUTH

ZHEJIANG UNIVERSITY PRESS
浙江大学出版社

图书在版编目（CIP）数据

万用天文学／（美）唐纳德·奥尔森著；郑罗颖译
．--杭州：浙江大学出版社，2020.2
书名原文：Celestial Sleuth：Using Astronomy
to Solve Mysteries in Art，History and Literature
ISBN 978-7-308-19446-4

Ⅰ．①万… Ⅱ．①唐… ②郑… Ⅲ．①天文学 Ⅳ．
①P1

中国版本图书馆 CIP 数据核字（2019）第 180824 号
First published in English under the title
Celestial Sleuth: Using Astronomy to Solve Mysteries in Art, History and Literature
by Donald W. Olson, edition：1
Copyright ⓒ Springer Science＋Business Media New York, 2014 ˙
This edition has been translated and published under licence from
Springer Science＋Business Media, LLC, part of Springer Nature.
Springer Science＋Business Media, LLC, part of Springer Nature takes no responsibility
and shall not be made liable for the accuracy of the translation.
浙江省版权局著作权合同登记图字：11-2019-202 号

万用天文学

（美）唐纳德·奥尔森　著

策划编辑	张　婷	
责任编辑	顾　翔	
责任校对	杨利军　程曼漫	
封面设计	VIOLET	
出版发行	浙江大学出版社	
	（杭州市天目山路 148 号　邮政编码 310007）	
	（网址：http://www.zjupress.com）	
排　　版	杭州中大图文设计有限公司	
印　　刷	浙江印刷集团有限公司	
开　　本	880mm×1230mm　1/32	
印　　张	9.25	
字　　数	170 千	
版 印 次	2020 年 2 月第 1 版　2020 年 2 月第 1 次印刷	
书　　号	ISBN 978-7-308-19446-4	
定　　价	49.00 元	

版权所有　翻印必究　　印装差错　负责调换
浙江大学出版社市场运营中心联系方式：0571 - 88925591；http://zjdxcbs.tmall.com

万用天文学

献给玛丽莲和克里斯托弗

得克萨斯州立大学的星空

推荐序

1987 年某一天,《天空与望远镜》(*Sky & Telescope*)杂志社收到了得克萨斯州立大学青年物理学家唐纳德·奥尔森"主动送上门"的一篇手稿。文章讨论了月相、潮汐和二战中的一场著名战役。当时,所有的工作人员都非常喜欢这篇文章,但又感到有点无从下手——应该把它放到杂志的哪个版块里呢?

或许是因为我对奥尔森文章的支持声最响,这篇文章最后分到了我当时主管的天文计算部。我们当时未曾料到的是,这篇文章在《天空与望远镜》上开创了一种全新的文章类型。20 多年以来,奥尔森在《天空与望远镜》杂志上发表的文章有 30 多篇,而且这一数据还在不断增长。

在本书中,奥尔森再次就文章中的许多话题展开了讨论,并就一些新话题进行了探究。这些话题无一例外地围绕同一条主线展开——它们都在探讨天文学和著名历史事件或者文学、艺术作品之间微妙而又关键的联系。

那么你可能会问,奥尔森是如何想到这些引人入胜的问题的。其实,这些素材大多来自于他在得克萨斯州立大学教授的课程。奥尔森喜欢挑选一些学生们可能已经有所了解的话题,比如他们在高中学的一首诗或者他们在博物馆里看到过的一幅画,然后他会和学生们一同探究容易被历史学家或艺术评论家忽略或误解的天文现象。因为有了学生的参与,所以他们经常会有一些新发现,这些新发现纠正了那些广为接受但并不正确的论断。

他们的发现从来不会让广大读者感到无聊。事实上,他们总是在制造新闻——那种网络上会广泛传播的新闻。当奥尔森某篇有关杰弗里·乔叟的故事的文章在法国权威报纸《世界报》(*Le Monde*)上发表并引起轰动时,你可以想象我们《天空与望远镜》杂志社有多么震惊了。《洛杉矶时报》(*Los Angeles Times*)也关注并报道了他另一篇关于安塞尔·亚当斯的文章。2005年9月15日,约300名摄影爱好者和一支来自日本的媒体队伍齐聚约塞米蒂国家公园冰川点,一睹文章所述的月出美景。此外,美国国家公共广播电台(*NPR*)的《面面观》(*All Things Considered*)节目也播送了奥尔森对"蓝月"这一现象的表述。由此可见,他的文章引起了世界各地读者的强烈反响。

为了解奥尔森文章大受欢迎的原因,我们不妨将他的写作思路与有史以来最知名的大侦探夏洛克·福尔摩斯进行对比。在小说家阿瑟·柯南·道尔的第一部小说《血字的研究》中,大侦探福尔摩斯的特点给他日后的助手华生医生留下了深刻的印象。在他们相遇后没多久,华生就意识到了福尔摩斯在一些领域中宛如一位博闻多识的专家,而在另一些领域中则全然不同。在关于福尔摩斯的知识储备的论述中,华生如此罗列道:"文学知识——无。哲学知识——无。天文学知识——无。"对此,福尔摩斯的解释是:"最重要的是……不要让那些没用的事实挤掉有用的事实。"

所以,在柯南·道尔看来,天文学和文学对于成为一名优秀的侦探来说是可有可无的学问,这可能也是社会普遍认同的观点。这种盛行的观点或许可以解释为什么奥尔森的读者会惊讶并欣喜于简单的天文学事实会成为破解谜题的最后一条线索。公正地说,正如天文学家布拉德利·谢弗(Bradley Schaefer)在1993年的一篇论文中指出的那样,作者后来的确让福尔摩斯掌握了一些天文学知识。但是这通常是出于增添小说趣味或者塑角色方面的考虑,而非为了演绎破案过程。

近来,我有幸跟随得克萨斯州立大学的研究人员进行了几次考察。令我震惊的是,他们使用的工具十分简单,比如他们会用卷尺来测量,用手持GPS(全球定位系统)来获取坐标,有一次我甚至看到他们在用一台专为高尔夫球爱好者设计的激光测距机。有时,他们也会在晚上拍摄数码照片,记录山顶上冉冉升起的星星,以便从中推算出倾斜角角度。他们还会在谷歌和易贝网(eBay)上搜索旧明信片,以寻觅消失建筑物的踪迹,又或者通过参观美术馆和古董店来探寻线索。我在学校的日子从未似这般有趣!

但是,千万不要认为奥尔森的项目只具有教学价值或娱乐价值,也不要认为他的目的在于挑衅那些为自己偏爱的理论进行辩护的历史学家和艺术批评家。我永远不会忘记奥尔森在他发表第一篇文章——就是那篇分析二战中美国海军陆战队在塔拉瓦环礁进行两栖登陆时,异常的潮汐运动几乎为美军带来巨大灾难的文章——之后告诉我的话。这篇文章还在一年一度的塔拉瓦幸存者大会上被宣读。不久之后,《时代》杂志的记者罗伯特·谢罗德(Robert Sherrod,曾亲自参加塔拉瓦战役)告诉奥尔森:"虽然天文学信息对军人来说有些晦涩难懂,但他们很高兴能够听到关于塔拉瓦战役中潮汐现象的解释。"

此外,军事历史学家约瑟夫·亚历山大(Joseph Alexander)上校在其 1995 年关于塔拉瓦战役的著作《极度残暴》(Utmost Savagery)中指出,在奥尔森的"开创性文章"问世之前,学界对塔拉瓦战役中不规则的潮汐运动一直都缺乏一个科学的解释。

除了有关塔拉瓦战役、乔叟的研究之外,唐纳德·奥尔森的这本书中还有许多有趣的知识。

罗杰·辛诺特(Roger Sinnott)
于美国马萨诸塞州剑桥市《天空与望远镜》杂志社

自 序

是何种机缘,促使一名博士论文研究相对论和宇宙论的物理学家,发表多篇文章鉴定文森特・凡・高星空油画的创作时间,探讨威廉・莎士比亚笔下的星空,分析玛丽・雪莱构思《弗兰肯斯坦》时那个月光照耀的夜晚?我是什么时候成为一名"天文学侦探",运用天文学来分析艺术、历史、文学难题的呢?

我至今仍能准确回忆起令我改变研究方向的两大时刻,它们已过去25年有余。

第一个时刻是美国得克萨斯州立大学英文系教授埃德加・莱尔德(Edgar Laird)问我是否愿意与他一起研究《自由农的故事》中几个有关天文学知识的复杂选段之时。这篇故事出自乔叟的《坎特伯雷故事集》。最后,莱尔德与我发表了几篇文章,共同探讨乔叟提到的天文信息(见第7章),它们或许是英国文学中最复杂、最精妙、最有趣的片段。

第二个时刻是历史系教授詹姆斯・玻尔(James Pohl)无意

间听到我们讨论《自由农的故事》之时。玻尔曾是美国海军陆战队的一员，他建议我尝试解开塔拉瓦战役中潮水的秘密。塔拉瓦战役是二战太平洋战争中的一场战役，是美军进行两栖登陆时首次遭遇敌军猛烈还击的一场战役，也是美国海军陆战队历史上的传奇之战。在这一契机下，我在《天空与望远镜》杂志上发表了第一篇文章，名为《塔拉瓦的潮水》(*The Tide at Tarawa*)。

如果没有最初与埃德加·莱尔德及詹姆斯·玻尔的两次对话，本书所述的这些项目也将无从开展。

本书中的章节共分为三个部分。第一部分涉及天文学在艺术中的应用。这一部分将对文森特·凡·高和爱德华·蒙克的油画作品进行解读。

第二部分着眼于受到天文学影响的历史事件，这些事件大都受到了月光或海潮的影响。在有些事件中，月光和海潮还会同时发挥作用。譬如在泰坦尼克号沉没事件及诺曼底登陆战役中，月光和海潮都发挥着重要的作用。这一部分将按照时间顺序展开，先讨论古希腊的第一场马拉松，继而谈到美国殖民地时期和南北战争时期发生的重要事件，最后探究二战的重要战役及事件。

第三部分分析了文学作品中有关天文学的描述，尤其是受到实际天文学事件启发而创作出来的文学段落。这一部分同样按照时间顺序展开，探讨了莎士比亚可能看到的超新星、玛丽·雪莱构思《弗兰肯斯坦》时窗前的那一抹月光、沃尔特·惠特曼看到的壮观的流星串，以及詹姆斯·乔伊斯笔下从都柏林上空划落的流星。

唐纳德·奥尔森
于美国得克萨斯州圣马科斯市得克萨斯州立大学

CONTENTS
目录　•••万用天文学　

CELESTIAL SLEUTH

◆ **第一部分　艺术中的天文学**

003 | 1 文森特·凡·高与法国的星空

004 | 《夜色中的白房子》的故事

020 | 确定文森特·凡·高创作《月出》的时间

032 | 震撼人心的曙暮光:《有星星和丝柏的小路》

041 | 2 爱德华·蒙克:挪威的神秘天空

042 | 《呐喊》

061 | 镜像之谜:《码头上的女孩》

◆ **第二部分　历史中的天文学**

075 | 3 马拉松之战、凯撒入侵英国、保罗·瑞威尔午夜狂飙和泰坦尼克号沉没时的月亮与潮汐

077 | 月亮和人类历史上的第一次马拉松

092 | 月亮、潮汐和凯撒大帝对英国的入侵

106 | 月下的幸运和保罗·瑞威尔的午夜狂飙

116 | 泰坦尼克号的沉没是由月亮引起的吗?

131 | 4 林肯与南北战争,以及美国的历书

132 | 林肯和年历审判:诚实的亚伯

141 | 石墙杰克逊和钱斯勒斯维尔战役中的月亮

154 | 5 第二次世界大战中的月亮与潮汐

155 | 　1941 年的珍珠港：月亏日升

164 | 　1943 年的塔拉瓦环礁：潮水欠高

174 | 　1944 年的登陆日：诺曼底地区的月亮与潮水

188 | 　1945 年的印第安纳波利斯号：月光下的黑影

◆ 第三部分　文学中的天文学

205 | 6 1800 年前的文学天空

206 | 　乔叟和《自由农的故事》中的高潮

217 | 　莎士比亚和《哈姆雷特》中的星星

232 | 　威廉·布莱克的《虎》：天上的"长矛"和"火焰之泪"

244 | 7 1800 年后的文学天空

245 | 　月亮和《弗兰肯斯坦》的由来

265 | 　沃尔特·惠特曼的《流星年(1859—1860)》

282 | 　詹姆斯·乔伊斯和《尤利西斯》中的"天象"

288 | ◆ 致谢

第一部分
艺术中的天文学

CELESTIAL SLEUTH

❶
文森特·凡·高与法国的星空

在生命的最后两年里,文森特·凡·高创作了几幅非常精彩的描绘曙暮光与夜空的名画。

在凡·高的《夜色中的白房子》(*White House at Night*)中,一颗明亮的星星挂在法国奥维尔镇一座别墅的上空中。这幅油画描绘的是曙光还是暮光? 我们能否借助天文学计算、凡·高的信件和气象记录,确定 1890 年凡·高看到此画所反映的天空时具体是在哪一天及哪一时刻? 奥维尔镇的这座白房子有没有被保留下来? 奥维尔镇提供的地图和旅行指南能否引导游客到达正确的地点? 在凡·高所描绘的透着朦胧亮光的天空中,那颗明亮的星体到底是什么?

1889 年,文森特·凡·高在法国南部的普罗旺斯圣雷米镇创作完成了举世闻名的《星月夜》(*Starry Night*)。同年,就在同一座小镇,凡·高还画了另一幅天空油画。在该作品中,麦子高高地堆在田野上,田野的周围是石头砌成的墙,在透着朦胧亮光的天空中,一颗显眼的橙色天体被山峦遮住了半边脸。这片麦田我们再熟悉不过,它曾多次出现在凡·高的油画中,因为凡·高从他在圣保罗修道院的房间向窗外望去,一眼就能看到这片麦田。我们能不能用天文学知识来分析和判断这幅有橙色天体的作品描绘的到底是日出、日落、月出还是月落的景象? 我们又该如何确定凡·高对画中景象的观察具体发生在哪一天,或者精确到分钟的话,具体发生在哪一时刻?

1890 年,凡·高在普罗旺斯圣雷米镇创作了《有星星和丝柏的小路》(*Road with Cypress and Star*),再次展现了浪漫夸张的天空。这幅画描绘了乡间一幕,画面中的两个人正沿着一条路行走,在不远处还能看到一辆马车。在上方的天空中,在一轮弯弯的月牙旁我们可以看到两颗星体,而且其中一颗分外明亮。这两颗星体到底是恒星还是行星呢? 我们能否借助天文计算、凡·高的信件和气象记录,确定凡·高看到作品所反映的天空时具体是在哪一天及哪一时刻? 这幅作品又纪念了哪种罕见的天体组合?

《夜色中的白房子》的故事

在文森特·凡·高的作品中,有四幅是最为人熟知、流传最广的夜空画作。其中,《夜间的露天咖啡座》(*Cafe Terrace at Night*)和《罗纳河畔的星夜》(*Starry Night Over the Rhône*)描绘了法国南部阿尔勒镇的天空;《星月夜》和《有星星和丝柏的小路》则是凡·高在附近的圣雷米镇创作的。1995 年,在俄罗斯圣彼得堡冬宫博物馆的一场展览中,凡·高的第五幅夜空作品

《夜色中的白房子》（见图 1. 1）在失踪后再次出现在大众的视野里。

图 1.1　《夜色中的白房子》，F766，文森特·凡·高，奥维尔镇，1890 年

在得知《夜色中的白房子》这幅极为精彩的作品仍然留存于世时，我们得克萨斯州立大学团队感到深深的震惊。在俄罗斯举办的二战胜利 50 周年纪念展中，策展人阿尔伯特·科斯特涅维奇（Albert Kostenevich）在画录中阐述了这幅遗失已久的油画的精彩历程：

人们一直认为本书中的画作已在战争中被毁坏，直到现在才发现，在过去的半个世纪中，这些作品都藏在冬宫的储藏室里。它们的存在是国家精心保守的一个秘密……这些杰作包括几幅凡·高的油画，其中就有他那精妙卓绝的《夜色中的白房子》。这幅画绘于凡·高去世的 5 个星期前，描绘了我们在名作《星月夜》中看到的那种夜空。

这份画录也反映了作者的观察："本书中的画作……有着非同寻常的经历……它们的存在几乎无人知晓，不仅不为大众所知，而且连最细心、最认真的学者都对它们的存在一无所知……"

20 世纪 20 年代，来自于德国霍尔茨多尔夫村（Holzdorf）的实业家奥托·克雷布斯（Otto Krebs）得到了《夜色中的白房子》，并把这幅作品加入了他的私人收藏。纳粹掌权之后，大众愈发难以一睹此画的真容。20 世纪三四十年代，由于担心纳粹会对他们认为是"堕落艺术品"收藏家的人进行打击报复，克雷布斯不得不有意回避大众对藏品的关注。科斯特涅维奇向我们交代了 1945 年苏军追击德军时的情况："私人收藏品和博物馆藏品……被藏到了特别准备的地堡中……当苏军发现这些地堡时，德军仍在负隅顽抗……苏联代表将他们认为重要的一切物品运往东方……艺术品被装在火车里，从世界各地纷纷运送而来……"

虽然《夜色中的白房子》究竟有着怎样的经历至今仍是一个未解之谜，但有足够的信息可以证实，这幅作品就是凡·高的真迹。尤金·德鲁特（Eugène Druet）在 1916 年之前为这幅作品拍摄过一张黑白照,这张照片一直留存到现在。而且这幅作品也数次出现在 20 世纪 20 年代瑞士的不同画展上,还出现在第一版《文森特·凡·高全集》中。此外,凡·高也曾在一封信中详细描述了这幅《夜色中的白房子》。

若阿娜·凡·高(Johanna van Gogh)是文森特·凡·高的弟弟——提奥·凡·高的妻子,她收集了凡·高的信件,将它们按照时间顺序整理出来,编上序号,并于 1914 年出版了这部书信集。20 世纪 90 年代,阿姆斯特丹的文森特·凡·高博物馆在一次名为"凡·高书信计划"的活动中召集了一支团队,创建了一个权威网站,按照调整过的编号系统展示文森特·凡·高每封信件的传真件。这个网站不仅用原语言(通常为荷兰语或法语)展现了每封信件,还将它们翻译成了英语。在这一章中,下文引用的段落会用两个编号来指代每封信件,其中一个来自于若阿娜·凡·高所用的原编号系统,另一个则来自于凡·高书信计划所用的调整后的编号系统。

1890 年 6 月 17 日,凡·高给他远在巴黎的弟弟提奥写了一封信,信中详细描述了他所描绘的《夜色中的白房子》:"草木簇拥着一座白房子,夜空中挂着一颗星星,窗户透着橘黄色的光,草木一片漆黑,一种阴沉之感油然而生。"

凡·高当时住在巴黎西北方的奥维尔镇,距巴黎大约 20 英里(约 32.2 千米)远。凡·高人生的最后 70 天就是在这里度过的。至 1890 年 7 月 29 日去世,他在此地创作了约 70 幅油画。按照这样的速度,他创作《夜色中的白房子》的时间很可能就在 6 月 17 日写信前不久。

作为得克萨斯州立大学荣誉学院的老师,我和我的学生首次研究了四幅著名的凡·高夜空油画,并在欣赏科斯特涅维奇画录中的插图后开始思考,我们能否辨认出这幅重见天日的作品中闪闪发光的天体究竟为何物?

哪些可能是凡·高作品中的星星

为了弄清到底是什么吸引了凡·高的目光,我们借助天文馆软件分析了 1890 年 6 月中旬法国北部的天象,并在其中寻找明亮的恒星和行星。

每年 6 月中旬,天空中最耀眼的恒星有大角星和织女星,它们会在傍晚的天空泛起暮光之时高高地挂在我们的头顶上方。与此同时,五车二也分外明亮,它会在日出之前低悬在东北方的天空上。因为 1890 年 6 月 17 日的月相是新月,所以我们在《夜色中的白房子》里看不到月亮的踪影。

6 月中旬最耀眼的行星也有三颗。此时的金星也叫作"昏星",大约会在日落后两小时在西方天空中闪闪发光。另外,火星会在日落时分低悬在东南方的天空中,而它的光芒远胜附近的天蝎座红巨星心宿二。木星则会在子夜来临的一小时之前出现,直到日出之前,它都会在南方天空和东南方天空中散发璀璨的星辉。

为使我们对凡·高笔下的星星的判断有理有据,我们意识到,我们必须回答几个有关《夜色中的白房子》的问题。油画中的房子真的存在吗?这座与众不同的房子仍保留在今天的奥维尔镇中吗?凡·高站在哪里才能看到这样的景象呢?他面朝哪个方向?凡·高在这幅作品里描绘的是哪一方的天空呢?

　　为了回答这些问题,2000 年 5 月,我们团队来到了法国,并
在奥维尔镇开展了为期四天的考察。由于奥维尔镇在两次世界
大战期间并未发生战争,所以 1890 年的房子很可能被保存了下
来。到了奥维尔镇,许多镇民们热烈地欢迎了我们,市政官员、
旅游局的工作人员和镇上的许多其他居民也都尽其所能地帮助
了我们。在按照两人一组或三人一组进行划分之后,我们纷纷
从镇中心开始,朝着各个方向,沿着每条街道,仔细研究了方圆
几英里之内房子的门窗、烟囱和墙壁。在搜寻途中,我们经过了
凡·高画中的许多场景,包括奥维尔教堂(见图 1.2)、市政厅、
乡间小屋、花园和麦田。

 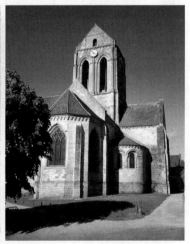

　　图 1.2 《奥维尔教堂》(*The Church at Auvers*),F789,文森特·凡·
高,奥维尔镇,1890 年。照片拍摄于 2000 年 5 月

最后我们确定,只有一处的房子可以与《夜色中的白房子》相吻合,那就是小镇主干道南侧的一座别墅(见图 1.3)。这座房子如今的地址是戴高乐将军路 25 / 27 号,和东边的拉沃客栈(Auberge Ravoux)仅仅相隔两个街区。1890 年 6 月,凡·高在拉沃客栈度过了人生最后一段时光。

图 1.3 这张照片拍摄于 2000 年 5 月,夕阳斜照在白房子(戴高乐将军路 25/27 号)朝北的一面,房子的左侧则笼罩于阴影之中。尽管房子的屋顶及最右边的现代建筑发生了一些变化,前往奥维尔镇的游客仍可以辨认出这就是"夜色中的白房子"

从 1890 年到今天,白房子的主人曾对其进行了一些改造。例如,他们将阁楼改造为孩子的卧室,并在屋顶上开了几扇天窗。在凡·高的油画中,2 楼共有 7 扇窗户,包括 6 扇带有百叶窗的大窗户和中间 1 扇不带百叶窗的狭窄窗户。其中,6 扇带有百叶窗的大窗户保留到了现在。房主人一家非常友善地邀请我们进屋参观,我们从而确认,中间那扇狭窄的窗户在一次改造项目中被填了起来。这扇窗户原本是为了给楼梯井提供光线而存在的,但后来房主人一家拆掉了楼梯井,并在与房屋后部相连的一座现代塔楼里安装了旋转楼梯。

　　当我们站在这座白房子面前时,学生们注意到了一个格外显眼的建筑特点:二楼左侧三扇窗户的水平间距明显不同,而且这三扇窗户并没有位于一楼窗户的正上方。这种奇怪的错位现象(见图 1.4)和凡·高油画中的情况完全相符,这也证明,我们必定找到了正确的房子。

图 1.4 白房子二楼窗户间的间距不等,也没有和一楼的窗户直接对齐。这种奇怪的错位设计和凡·高油画中的情况完全相符

在奥维尔镇的书店搜集资料后,我们了解到与凡·高同时代的作家保罗·加歇(Paul Gachet)曾写过一本回忆录,其中指出《夜色中的白房子》的原型就是我们独立发现的房子,这使我们感到十分高兴。1890年,保罗·加歇16岁,他通过自己那当医生的父亲的介绍而见到了凡·高。他父亲在凡·高住在奥维尔的这段时间里帮着照顾凡·高。按照保罗·加歇的说法,白房子叫作虞美人别墅(Villa Ponceaux),是一座维多利亚风格的住宅,居住于此的则是当地的一位商人。通过谷歌街景,我们可以看到,虞美人别墅的地址就是戴高乐将军路25/27号,位于虞美人路和戴高乐将军路交叉口的西南角。

1890 年的金星

虞美人别墅的正面大致朝向北方。在我们的奥维尔镇之行中,我们来到了凡·高支起画架的位置。从凡·高的角度来看别墅,西北方的最后一缕阳光从右向左斜斜地洒在墙面上,而房子的左侧则留在阴影之中。计算机的计算结果显示,1890年6月,金星出现在西方天空,位于白房子上空的右侧,这和凡·高油画作品中描绘的如出一辙。因此,凡·高所画的璀璨星星必定就是昏星,也就是在黄昏的暮光中闪闪发光的金星。

凡·高并不是法国当时唯一注意到金星的人。科普专家卡米伊·弗拉马利翁(Camille Flammarion)出版的法国重要的天文学杂志中,刊登了一篇写作时间为凡·高时代的文章,该文章鼓励观测者在1890年6月的日落之后寻找金星:"在傍晚的西方天空中,金星很容易识别,它会在日落之后绽放明亮的光芒。"

因此，《夜色中的白房子》准确地描绘了 1890 年 6 月的落日下，奥维尔镇虞美人别墅北面的景象，以及西方天空中明亮的金星。

除保罗·加歇的书以外，奥维尔镇的商店还出售纪念地图和 6 种旅游指南，它们都向游客指出了《夜色中的白房子》的"具体位置"。然而，这些权威的地图和旅游指南都错误地认为作品中的白房子位于戴高乐将军路 44 号！如今，戴高乐将军路 44 号(见图 1.5)的一楼开展着各种不同的经营活动，其中就有一

图 1.5 一些地图和旅游指南误将游客指引到戴高乐将军路 44 号的这座房子。虽然在这张照片中，正午时分的阳光照亮了房子朝南的一面，但在春夏两季的日出或日落时分，阳光并不会照亮房子的南面

家画廊将《夜色中的白房子》用作其宣传材料的插图,自豪地宣传画廊与文森特·凡·高的渊源。

戴高乐将军路 44 号的房顶上也有着显眼的屋顶窗,但是我们通过旧照片可以确认,这些屋顶窗是到了现代才添上去的。同时,还有三个证据可以让我们放心地确认 44 号的房子并不是"夜色中的白房子"。首先,因为这座房子位于主干道的北侧,所以光照情况无法与凡·高画作中的相吻合。其次,6 月无论是日出时分还是日落时分,太阳的光线都不会照到房子朝南的一面,而会分别从东北或西北倾斜着照下来。最后,44 号房子的烟囱也与油画中的烟囱并不吻合,而且这座房子的二楼只有五扇窗户。

市长办公室非常善解人意地允许我们查阅一本印有 300 多张带有奥维尔镇照片的旧明信片的图书,这些老照片呈现了凡·高住在奥维尔镇时这座小镇的样貌。在这些老照片中,44 号房子的烟囱同样无法和油画相吻合,而且二楼也只有五扇窗户。我们从而得出结论,44 号的房子绝对不是凡·高所画的房子。

如今,www.museonature.org 网站的在线指南正确地指出白房子位于戴高乐将军路 25 / 27 号。网站上的说明文字和地图展现了凡·高油画里出现过的 20 多处奥维尔镇中的场景。该网站还将"星星的确认"归功于我们得克萨斯州立大学团队:"这颗行星是金星。2000 年 6 月,一群来自美国圣马科斯市的得克萨斯州立大学的天文学家确认,这颗行星曾在凡·高作画时出现过。"

利用天文学证据，确定《夜色中的白房子》的创作时间

在离开法国之前，我们希望通过查看 1890 年 6 月的天气记录来确定更加精确的《夜色中的白房子》的创作时间。在巴黎蒙苏里天文台(Montsouris Observatory)的气象档案中，我们仔细查看了一系列大部头手写分类账，上面有详细的气象观察记录和评论，1 天一共会记录 6 次。

气象记录显示，1890 年 6 月 7—14 日的这一周里天气阴沉恶劣。气象评论提到，这几天每天都阴云密布，不是"下雨""骤雨如注"，就是"雷雨交加"。6 月 15 日，天空终于开始放晴。几乎可以肯定的是，凡·高在 6 月 16 日创作了《夜色中的白房子》，这一日天空湛蓝，终日晴朗。气象观测员评论说，这天下午天气"非常好"。6 月 17 日，凡·高在写给他弟弟的信件中提到了这幅油画，而这一天天气又变差了，气象记录显示，当日的云层覆盖率高达 100 ％，而且还存在"雷雨的威胁"。

基于以上种种证据，我们可以得出结论，《夜色中的白房子》准确地描绘了日落时分奥维尔镇上虞美人别墅北面的景色，时间是 1890 年 6 月 16 日晚上 8 点左右，当时，金星(见图 1.6)出现在了西边的天空中。

图 1.6 《夜色中的白房子》,F766,局部,文森特·凡·高,奥维尔镇,1890 年

凡·高与金星

不过,《夜色中的白房子》并非凡·高描绘金星的第一幅画。实际上,这是凡·高第三次画金星。

　　第一幅画有金星的作品是凡·高最为著名的圣雷米镇的《星月夜》,该作品创作于 1889 年 6 月中旬。加州大学洛杉矶分校的艺术史学家阿尔伯特·博伊姆(Albert Boime)和哈佛大学的天文学家查尔斯·惠特尼(Charles Whitney)各自发现,在《星月夜》中,东方地平线附近、柏树右侧的发光天体就是金星(见图 1.7)。这两位学者都通过凡·高的一封信证明了凡·高在 1889 年 6 月(也就是他创作《星月夜》的那个月)观察到了金星。

图 1.7 《星月夜》,F612,局部,文森特·凡·高,圣雷米镇,1889 年

在 1889 年 6 月初寄给弟弟提奥·凡·高的一封信中,文森特·凡·高描述了他观察金星的经历。计算机的计算结果显示,在 1889 年 6 月,日出前,金星会缓缓升上东边的天空。事实上,金星在那个月亮度很高,因此分外显眼。凡·高注意到:"今天清晨日出前,我久久地望向窗外,看着乡村风光,景色全然不可见,只看到了巨大的晨星(此处指金星,原文为 morning star)。"

第二幅画有金星的作品是《有星星和丝柏的小路》,创作时间为 1890 年 4 月底或 1890 年 5 月初,创作地点为圣雷米镇。1890 年 4 月 20 日,凡·高可以透过微弱的暮光,在一弯细长的月牙旁看到金星和水星这一罕见组合出现在天空。正如本章后面所解释的那样,这一壮观的景象可能对凡·高描绘《有星星和丝柏的小路》的天空有所启发。在这幅画中,弯弯的月牙旁边有两颗天体,其中一颗格外明亮(见图 1.8)。几周后,凡·高搬到了奥维尔镇,并写了一封信,信中提到了《有星星和丝柏的小路》的草图。其中,他将这颗格外明亮的天体(几乎可以肯定就是金星)描述为"一颗具有夸张光彩的星星"。

我们注意到,艺术史学家已认定,这封回顾《有星星和丝柏的小路》中天空的信件写于 1890 年 6 月 16 日或 1890 年 6 月 17 日,也就是凡·高创作《夜色中的白房子》的时间。我们发现了两幅画之间存在这种有趣的联系,这可以支持我们的结论,即这两幅画具有相似的天文主题——西边天空中闪耀着金星的黄昏景象。

总而言之,文森特·凡·高在三幅令人难忘的、描绘夜空的

图 1.8 《有星星和丝柏的小路》,F683,局部,文森特·凡·高,圣雷米镇,1890 年

作品中画了明亮的金星,这三幅作品分别是创作于 1889 年 6 月中旬的《星月夜》,创作于 1890 年 4 月 20 日的《有星星和丝柏的小路》与创作于 1890 年 6 月 16 日的《夜色中的白房子》。

确定文森特·凡·高创作《月出》的时间

文森特·凡·高在法国南部的普罗旺斯圣雷米镇创作了著名的作品《星月夜》。在 1889 年 6 月中旬写给弟弟提奥·凡·高的一封信中，文森特·凡·高提到，他刚刚开展了"一项关于星空的新研究"。因此，艺术史学家普遍认为凡·高在 1889 年 6 月创作了《星月夜》。

但是，对于 1889 年凡·高在普罗旺斯圣雷米镇创作的另一幅天空油画①，艺术史学家们尚未就作画日期达成共识。这幅作品描绘了田野上的麦垛，田野的周围是石头砌成的墙，在透着朦胧亮光的天空中，一颗显眼的橙色天体半隐在山峦的后面。这颗橙色的天体是初升的太阳还是西沉的太阳？由于满月会在靠近地平线时呈现橙色，所以这幅画描绘的或许是一轮升起或者落下的满月？我们能不能借助天文学分析来确定这幅画描绘的是日出、日落、月出还是月落？凡·高当时面朝哪个方向？我们又该如何确定凡·高对画中景象的观察具体发生在哪一天，或者精确到分钟的话，具体发生在哪一时刻？

凡·高与圣雷米镇的麦田

1889 年 5 月 8 日，文森特·凡·高从阿尔勒镇搬到了普罗

---

① 这幅画作有多个名称，本书统一采用《月出》（*Moonrise*）。——编者注

旺斯圣雷米镇的一家医院,医院位于圣保罗修道院内。到 1890
年 5 月 16 日出院时,凡·高在此处完成了近 150 幅油画和 140
幅素描,这一数量十分惊人。这些作品体现了他对法国南部自
然风光的浓厚兴趣。其中,10 多幅作品描绘了相似的画面:成
片的麦田,透过石墙可以看到的坐落在圆形山丘之间的房屋,以
及右手边高高耸起的阿尔皮勒山。花园里用来分隔空间的石墙
与外部的石墙形成了独特的"T"形,而在油画的右侧边缘可以
看到一间棚屋。

　　艺术史学家在提到凡·高画作时采用的是雅各-巴特·德
拉法勒(Jacob-Baart de la Faille)在他那伟大的、颇具开创性的
1928 年首版《凡·高作品集》中使用的编号。这幅编号为 F735
(见图 1.9)的油画描绘了圣雷米镇麦田上的麦垛,一颗散发着
橙色光芒的天体,半隐在山峦之后。那么,这颗橙色天体到底是
太阳还是月亮呢?

　　在德拉法勒的《凡·高作品集》中,作品 F735 的标题为《日
落》(*Sunset*),并配有这样的描述性文字:"橙黄色的太阳落到地
平线上深蓝色山脉的背后。"W. 斯克良(W. Scherjon)和 W. 德
古意特(W. de Gruyter)在 1937 年出版的作品集中则将作品名
称改为《升起的月亮(干草堆)》,并将这幅画与 1889 年八九月
的画作放在一起。德拉法勒在《凡·高作品集》1938 年的修
订版中也改用《月出》这一作品名,并认为 F735 创作于 1889
年 9 月。

　　然而,1970 年版的《凡·高作品集》(这是在原著者德拉法
勒去世后由专家组续编完成的作品集)却采用了完全不同的名

称,将 F735 命名为《升起的月亮:干草堆》,并给出了"7 月 6 日"这一非常具体的日期。

图 1.9 《月出》,F735,文森特·凡·高,圣雷米镇,1889 年,收藏于荷兰奥特洛的库勒慕勒美术馆。这幅画一度被认为描绘的是西沉的夕阳,但实际上它画的是普罗旺斯圣雷米镇的月出景象

扬·胡尔斯克(Jan Hulsker)是续编《凡·高作品集》的专家组成员之一。他随后出版了两版由他自己整理的《凡·高全集》。在这两版《凡·高全集》中,他将作品 F735 命名为《堆着麦捆、被墙包围的田野和升起的月亮》,并认为这幅作品创作于"1889 年 7 月 6 日"。

现代的专家们已经就这幅画的内容达成共识,认为它描绘的是月出场景。一些专家甚至还提到了具体的日期。那么,这一共识正确吗?这幅油画描绘的是不是一轮升起的月亮?7月、8月或9月是这幅油画创作的真实月份吗?1889年7月6日的月相和这幅油画里的月相相符吗?

所有的专家都借助文森特·凡·高的多封信件来确定画作的内容与顺序。对于作品F735,凡·高的信件可以帮助我们确定,这幅油画描绘的是东方和东南方的景象,天空中的天体则是一轮缓缓升起的月亮。

正如文森特·凡·高在1889年5月底写给弟弟提奥·凡·高的信中所提到的那样,他常常从自己在圣保罗修道院东边二楼的房间望向窗外的天空:"从镶有铁栏杆的窗户向外望去,我能看到一块围起来的方形麦田……早晨,我能在麦田上方看到光辉灿烂的太阳。"

正如本章之前援引的那样,写于1889年6月初的一封信描述了凡·高对耀眼的"晨星"——金星的观察,他看到金星在日出之前缓缓升至东边天空。文森特·凡·高可以从他的窗户看到日出和金星,这说明石墙围成的麦田大致位于东方。因此,作品F735画的肯定不是日出就是月出,而不可能是日落或月落,因为日落和月落只可能出现在西边。

1889年夏天,文森特·凡·高寄出了一个信封,其中含有两封信,一封是给提奥·凡·高的,另一封则是给画家保罗·高更的。给高更的信里面有一幅素描,画的是一位在石墙围住的田野上割麦子的人。写给提奥·凡·高的信对于我们的天文学分析来说非常重要,因为这封信明确描述了这幅油画《月出》。其中,文森特·凡·高向提奥·凡·高描述了几幅已经完成的作品,然后补充道:"我正在画一幅油画《月出》,月亮下方的田野就是给高更寄去的素描所展现的田野,但是这幅油画将麦子改成了麦垛。配色用了暗土黄和蓝紫色。不管怎么说,你马上就会看到的。"这封信被若阿娜编号为第 603 号信。

由于文森特·凡·高在这封信里说自己"正在画"这幅《月出》,因此学者们觉得很难确定写作这封信的日期。不巧的是,这封信上并没有手写的日期或是邮戳。若阿娜按照时间顺序将这封信排在了那些确定写于 9 月份的信件之前。这或许解释了为什么早期的斯克良、德古意特和德拉法勒会认为油画《月出》创作于 8 月或 9 月。

近来,一些学者提出,这封信并非写于 8 月底至 9 月初之间,其他学者对这封信写作的具体日期也持不同意见。

扬·胡尔斯克在凡·高书信的研究方面颇具权威。他认为这封信写于"7 月 6 日"。他还观察到,"对这些信件编号所做的更改不仅从传记的角度来看非常重要,从文森特作品创作的时间顺序来看也至关重要,因为这意味着要将第 603 号信件中提到的油画的创作时间提前两个月",这些油画中就包括"画有麦垛的月夜风景画"。胡尔斯克有关第 603 号信件写作日期的假设解释了为何他编的两版作品集都认为油画《月出》的创作时间为 1889 年 7 月 6 日。

1889 年夏天,凡·高的病情开始恶化,他在大约 6 周的时间内几乎没有创作任何作品。胡尔斯克认为,凡·高的这次健康危机就发生于画完油画《月出》之后,也就是说,从"7 月 8 日左右到 8 月中旬",凡·高暂停了创作。

艺术史学家罗纳德·皮克万斯(Ronald Pickvance)是美国大都会艺术博物馆 1986 年"凡·高在圣雷米镇和奥维尔镇"展览的策展人。他提供了另一份作品年代表。他认为油画《月出》创作于 7 月 8—13 日,并认为描述油画《月出》的第 603 号信件写于 7 月 14 日左右,而凡·高的健康危机则开始于 7 月 16 日。

我们得克萨斯州立大学团队在想,我们是否可以直接使用天文学方法来确定油画《月出》的创作日期,进而解决与第 603 号信件的写作日期有关的争议。

凡·高可能创作《月出》的日期

我们可以肯定,文森特·凡·高创作油画 F735 的日期介于 5 月 8 日和 9 月底之间。5 月 8 日是文森特·凡·高初抵圣雷米镇的日子,9 月底则是他将 10 幅油画邮寄给弟弟提奥·凡·高的时间,这 10 幅油画中就包括油画《月出》和著名的油画《星月夜》。

第 603 号信件告诉我们,F735 中明亮的橙色天体肯定是满月或是接近满月的月亮。满月出现的位置几乎与太阳出现的位置相反。满月的升起和落下也与日升、日落相反。也就是说,太阳西沉时,满月就会从东方升起。事实上,正是由于这些原因,早期的天文学家在提到满月的时间时会使用"冲日"这个词。

根据计算机对 1889 年满月前后的日期进行的计算,我们很快就发现,凡·高有可能作画的时间是 5 月 15—17 日、6 月 13—15 日、7 月 12—14 日、8 月 11—13 日,以及 9 月 9—11 日。

在这些日子里,一轮满月或接近满月的月亮会在日落时分升到空中。

悬崖与住宅

我们在凡·高的《月出》作品中留意到一个引人注目的地形特征:悬崖的凸出部分以一种独特的方式遮住了升起的月亮。凡·高还在悬崖下的山麓小丘处画了一座不同寻常的建筑,我们将其称为"拼连住宅",因为它是由一座较小建筑附连在一座较大建筑上构成的。令我们倍受鼓舞的是,这些景象可能是真实存在的,因为凸出的悬崖与麦田上方的拼连住宅一共在 15 幅凡·高在圣雷米镇所作的油画和素描中出现过。

我们知道,圣保罗修道院如今仍然存在。如果我们前往圣雷米镇进行一次研究之旅,我们能找到附近的拼连住宅和悬崖吗?从圣保罗修道院附近的麦田望去,我们可以确定悬崖的确切方向吗?一轮接近满月的月亮有没有在 1889 年的某一天在那个方向缓缓升起呢?

前往普罗旺斯实地考察

为了回答这些问题,我们得克萨斯州立大学团队于 2002 年 6 月前往圣雷米镇。在离开得克萨斯州之前,我们联系了阿尔勒三角洲天文爱好者协会,该协会就位于圣雷米镇附近的阿尔勒镇。该协会的三名成员克劳德·叙克(Claude Suc)、文森特·叙克(Vincent Suc)和布鲁诺·马萨(Bruno Massal)帮我们探索了可能的观察地点,并在我们抵达圣雷米镇之后陪同我们一起考察。

抵达圣雷米镇后没多久，我们就看到凸出的悬崖确实存在于圣保罗修道院东南方(见图 1.10)，这令我们非常欣喜。但确定悬崖的精确坐标显然是非常复杂的，这首先是因为这家位于圣保罗修道院内的医院现在仍在运营当中，严禁游客入内。医院中有凡·高曾经住过的房间和石墙围住的田野，而田野如今已成了一座花园。医院目前允许游客参观一间名为"重建的凡·高故居"的房间，但其实这并不是凡·高在 1889 年所住的房间。

图 1.10　凡·高油画中凸出的悬崖事实上存在于圣保罗修道院的东南方。我们得克萨斯州立大学团队通过前往圣雷米镇观察太阳、月亮和星星，确定了凸起的悬崖的确切方向和高度。在这张照片中，穿梭于悬崖后方的月亮影影绰绰，看不真切，这是因为太阳仍在地平线上方

其次，在过去的 100 年里，有片松树林长成了参天大树，遮住了山上的景观。例如，通过探索进入森林的土路，我们发现拼连住宅(见图 1.11)仍然立于修道院东南方向 2100 英尺(约 640.1 米)处，但是这座独特的建筑如今是无法从圣保罗修道院周围看到的。

图 1.11　文森特·凡·高在油画《月出》等 10 多幅作品中画了一座非同寻常的建筑，我们称之为"拼连住宅"。我们称它为拼连住宅，是因为它的屋顶是错层式的，或者说，从外观上来看，它是由一座较小建筑附连在一座较大建筑上构成的。凡·高笔下的屋顶的颜色不尽相同，有时呈现棕褐色，有时又呈现红色。现实中的拼连住宅的屋顶是棕褐色的，这座建筑目前仍然矗立于悬崖下方的山丘上，位于圣保罗修道院的东南方。左上：拼连住宅和凸起的悬崖，《暴风雨后的麦田》，F611，局部。右上：拼连住宅和凸起的悬崖，《阿尔皮勒山》，F724，局部。左中：拼连住宅和凸起的悬崖，《石墙围住的麦田》，F641，局部。右中：拼连住宅和凸起的悬崖，《月出》，F735，局部。左下：拼连住宅，2002 年拍摄的照片。右下：凸起的悬崖，2002 年拍摄的照片

　　阿尔勒镇三角洲天文爱好者协会事先告知了我们这些问题,并帮助我们在圣保罗修道院西北方找到了一大片空地。我们可以从这里直接越过修道院看到前方的阿尔皮勒山(见图1.12)。整整6个日夜,我们观察了太阳、月亮和星星缓缓升到空中的情形,并借此测量阿尔皮勒山山峰和悬崖的精确高度及方向。

　　图1.12　这张明信片展现了曾在10多幅文森特·凡·高画作中出现的场景,这些作品中就有F735《月出》。圣保罗修道院填充了照片的前景,在东南方还可以看到阿尔皮勒山。红色箭头指的是凡·高所在的石墙围住的麦田的位置,这片麦田如今已成了一座花园。白色箭头指的是拼连住宅,黄色箭头指的则是凸起悬崖的位置。自这张印于明信片上的风景照拍摄以来,一大片茂密高大的松树林覆盖了修道院上方的山坡,遮住了山上的景观

缩小可能范围

凡·高作画的时候正位于麦田上的一个有利位置,就在北面的墙旁边,位于油画的最左侧,在画面中几乎不可见。根据我们的地形测量结果,凡·高从自己所在的位置极目远眺,可以看到东南方 8800 英尺(约 2682.2 米)远的地方凸起的悬崖。更确切地说,凡·高会在指南针方向 126°(即东偏南 36°)处看到凸出的悬崖,且高度角介于地平线以上 4.50°与 4.75°之间。计算机的计算结果显示,从麦田望去,凡·高只可能在 1889 年的两天里看到一轮接近满月的月亮从凸起的悬崖背后缓缓升起。这两天就是 5 月 16 日和 7 月 13 日。

天气

法国气象局档案馆有关 1889 年的气象观测记录显示,这两天晚上都具备观察天空的有利条件。5 月 14 日和 5 月 15 日的降雨量非常大,5 月 16 日则雨过天晴。与此同时,7 月的前两周完全没有任何降雨,7 月 13 日的云层覆盖率甚至还从 50% 降低到 30%。气象记录能够帮我们确认 5 月 16 日和 7 月 13 日的天气是否符合观测条件,但我们并不能据此确定哪个是正确的作画日期。

成熟的麦子

《月出》的前景颜色能帮我们排除其中一个日期。凡·高在5 月抵达圣雷米镇后不久,曾写过一封信,他在信中指出,绿色的麦田围绕着修道院。在 6 月中旬的另一封信中,他描述了自己的一幅田野油画。画面中,田野渐渐由绿变黄,麦穗的"色调和面包酥皮的颜色一样温暖"。6 月下旬,凡·高画了割麦子的人,画作中的麦子已经完全金黄。由于《月出》油画中收割下来的麦子被堆成了一个个金色的麦垛,所以这幅画不可能是在 5 月中旬完成的,倒是和天文学计算得出的 7 月 13 日颇为吻合。

凡·高《月出》的研究结果

月亮穿过凸起的悬崖一共用了两分钟不到的时间。我们由此能够确定凡·高画作中月出的准确时间——地方时 1889 年 7 月 13 日晚上 9 时 08 分。

因为凡·高大约每天都会在圣雷米镇创作一幅油画或素描,所以根据我们的计算结果,凡·高可能是在当天晚上或者第二天创作这幅画的。他可能在 1889 年 7 月 14 日左右写下了描述《月出》的信,这个日期与许多学者的结论相矛盾,但与罗纳德·皮克万斯给出的作品年代表完全一致。根据我们的天文学分析及其他信息,凡·高书信计划如今将写作这封信的时间确定在 1889 年 7 月 14 日。

凡·高与自然世界

将地形观察结果与计算机的计算结果相结合,我们就能得到有力的证据,表明凡·高是在大自然中完成作品《月出》的,这幅作品既正确地描绘了阿尔皮勒山上凸起的悬崖,又精准地画出了月亮升起的位置。但是,麦垛的影子与月亮并不吻合,这表明凡·高在暮光消散后仍留在田野上。彼时,月亮开始向南边的天空移动,从而影子也跟着发生转动。

在 1888 年一封写给画家朋友埃米尔·伯纳德(Émile Bernard)的信中,凡·高描述了他对自然世界的依赖:"我从不凭记忆作画……我也不能在没有模型的情况下作画……我太害怕在形式上偏离真实……我对何为可能、何为真实怀有强烈的好奇心……我会夸大图案,有时甚至会做些改动,但整幅作品不是我发明出来的,恰恰相反,它是我发现的……它就存在于自然之中。"

当现代的观测者在夏季欣赏满月从东南方缓缓升起时,他们可能会回想起 1889 年 7 月 13 日的那个夜晚,凡·高当时就站在圣保罗修道院田野上的麦垛中间,将相似的景致记录在了他那幅精彩的油画《月出》之中。

震撼人心的曙暮光:《有星星和丝柏的小路》

文森特·凡·高在《有星星和丝柏的小路》中描绘了震撼人心的朦胧天空。这幅作品是 1890 年凡·高在法国南部的普罗旺斯圣雷米镇完成的。在这幅画中,我们可以在一轮弯弯的月牙旁看到两颗明亮的天体,其中一颗分外耀眼。那么,这幅作品描绘的是曙光还是暮光?凡·高当时面朝哪个方向?我们能否借助天文学计算、凡·高的信件和气象记录,确定凡·高看到作品所反映的天空时具体是在哪一天及哪一时刻?月牙旁的两颗天体到底是什么?它们是恒星还是行星?

《有星星和丝柏的小路》中的蛾眉月

1889 年 5 月 8 日—1890 年 5 月 16 日，在这超过一年的时间里，文森特·凡·高住在普罗旺斯圣雷米镇的一家医院里，医院就位于圣保罗修道院内。艺术史学家得出的结论表明，凡·高创作《有星星和丝柏的小路》(见图 1.13)的时间非常接

图 1.13 《有星星和丝柏的小路》，F683，文森特·凡·高，圣雷米镇，1890 年，收藏于荷兰奥特洛库勒慕勒美术馆

近他即将结束住院的时间,就在 1890 年 5 月 16 日凡·高搭乘火车从圣雷米镇回巴黎前不久。

在《有星星和丝柏的小路》中,月牙朝向画面左侧,这表明凡·高描绘的是蛾眉月。此时,月球正处于新月(月球不可见)和上弦月(月球 50% 的部分被照亮)之间大约一周的时间里。在这段时间里,月亮的亮度会逐渐增加。在黄昏暮光的映衬下,西边天空中可以看到一轮蛾眉月,而《有星星和丝柏的小路》中极为纤细的月牙则表明这幅画的创作日期仅与新月之夜相隔一两天。

回到 1890 年 5 月 16 日,也就是凡·高在圣雷米镇的最后一天,我们得克萨斯州立大学团队在开始天文学分析前提出了三个问题:上一次出现新月是哪一天?蛾眉月在哪一天再次出现在空中?在新月出现不久的那一天,天空中有没有出现特别明亮的恒星或行星?

月亮与行星

计算机的计算结果确定,对应的新月出现在 1890 年 4 月 19 日。下一次出现新月的日期是 1890 年 5 月 18 日,那时凡·高和他的弟弟提奥已经回了巴黎。如果观察圣雷米镇的天空,新月之后,月亮首次在地方时 1890 年 4 月 20 日晚上近 7 点露脸。那一刻,一轮弯弯的月牙出现在天空中,是紧邻新月之夜的一天。我们的计算结果表明,4 月 20 日晚上,月亮周围并没有闪闪发光的恒星。距离月亮最近的闪闪发光的恒星是金牛座的毕宿五,已在 20° 开外。

但是,在计算 4 月 20 日的行星位置时,我们惊讶地发现,金星出现在月球周围 4°以内!璀璨的金星比月亮周围的任何恒星都要亮,且在整个西边天空熠熠生辉。此外,水星与金星仅相距 3°。水星时明时暗,但在这一天,水星的星辉可与夜空中最亮的恒星天狼星相媲美。天空中,水星位于金星下方,它们的相对亮度与油画中展现的非常相似。因此,1890 年 4 月 20 日日落后不久就能看到三颗明亮的天体——金星、水星和月亮紧密地聚在一起。

这天晚上,月球的亮度系数仅为 2%。此时的月牙极为纤细,但细看之下仍然非常美,令人难以忘怀。因为月亮非常靠近金星和水星,所以此时的月亮比平日更能引起人们的注意。

由于月球的公转速度很快,双星伴月的奇观只出现在 4 月 20 日这一天,从 4 月 21 日起便不复出现了。

需要强调的是,我们并未从凡·高整个人生中的无数个漫漫长夜出发来探寻他作画的具体日期,也没有随机寻找类似于《有星星和丝柏的小路》的天象。我们得克萨斯州立大学团队发现画作中的罕见组合出现在我们探究的第一个合理日期中,也就是凡·高离开圣雷米镇前最后一次看到蛾眉月的那天。

《有星星和丝柏的小路》中的镜像

计算结果反映的天空与凡·高笔下的天空存在一处不同,这值得我们进行探讨。根据计算,月亮、金星、水星的组合形成了一条折线,三者之间的间距和角度几乎与油画展现的相同。不过,凡·高在 4 月 20 日晚上看到的金星和水星应该出现在月亮的右下方,但在油画中,这两颗行星却位于月亮的左下方。出现这一状况的原因可能与构图有关。我们还发现,凡·高的著名作品《星月夜》中也可能存在相似的镜像翻转的情况。

《星月夜》中旋转天空的镜像

加州大学洛杉矶分校的艺术史学家阿尔伯特·博伊姆和哈佛大学的天文学家查尔斯·惠特尼表示,一幅19世纪的著名旋涡星云图(见图1.14)可能为凡·高创作《星月夜》中的旋转星空提供了灵感。这片星云一般被称为涡状星系,在科学界也叫作M51。英裔爱尔兰天文学家罗斯伯爵(Lord Rosse)通过他那巨大的望远镜——也是当时世界上最大的望远镜——发现了猎犬座中这片星云的旋涡状特点。

凡·高可能通过卡米伊·弗拉马利翁的著作了解到罗斯伯爵广为流传的旋涡星云图。弗拉马利翁不仅是法国天文学家、天文科普专家,也是一位多产的作家。如果要说凡·高读过哪本天文学著作,最有可能的就是弗拉马利翁的科普读物《大众天文学》(*Astronomie Populaire*)——这名字取得非常恰当。这本书也收录了罗斯伯爵的图,并配上了这样的解释性文字:"更加非同寻常、也更为精彩的是呈旋涡状分布的星团,其中,那片震撼人心的星云壮丽辉煌,位于猎犬座中……罗斯伯爵的大望远镜揭示了它奇异的结构。"

在另一本著作《天空之星与好奇心》(*Les Étoiles et les Curiosités du Ciel*)中,弗拉马利翁再次收录了这张旋涡星云图,并为之配上了更加生动的描述:

1845 年一个春天的夜晚，正当罗斯伯爵装好他那巨大的望远镜镜头，并试着观看天上的美丽星云时，他突然停了下来，对眼前的画面感到无比震惊！ ……这片奇异的星云出现在望远镜的镜头中，它由一系列呈旋涡状分布的星座组成，且星座之间互相包围缠绕……在这片辉煌之中，我们可以看到巨大的旋涡。 我们的灵魂也跟着飞入星空深处，穿梭到一个全新的宇宙，行走在这些星星之上，忘却了我们曾经所在的世界……一切都在移动，一切都在颤动，一切都在转动……

图 1.14　M51，一般被叫作涡状星系。1845 年，天文学家罗斯伯爵通过他那巨大的望远镜，发现了这片星云的旋涡状特点。罗斯伯爵绘制的图通过弗拉马利翁的书在法国广为流传。文森特·凡·高笔下的旋转星空可能受此启发

弗拉马利翁的生动描述与罗斯伯爵的旋涡星云图可能为凡·高《星月夜》中描绘的旋转天空提供了灵感。

我们得克萨斯州立大学团队注意到,如果将《星月夜》左右翻转,其中心部分与 M51 的一些具体特征十分贴近。特别是 M51 沿着逆时针方向做螺旋运动,而凡·高画作的中央则沿着顺时针方向旋转。由于《星月夜》中可能存在这一镜像翻转的现象,《有星星和丝柏的小路》中行星位置发生镜像翻转也就十分合理了。

1890 年 4 月罕见的双星伴月现象

1890 年 4 月 20 日薄暮时分,凡·高在野外散步,或许碰巧就看到了双星伴月的奇观。不过,一些科普杂志曾将这一天文现象预先告知了法国民众,凡·高可能也看到了这一消息。

由弗拉马利翁在巴黎出版的天文学期刊,曾在 1890 年第一期中刊登了天文学日历,其中提到,4 月 20 日,水星、金星将与月亮一同出现在空中。1890 年 4 月刊则提供了更多细节,强烈推荐读者观看这一罕见的天文景象:

金星——这一天体非常明亮,日落后我们很容易在西方认出它……行星合月现象将在 4 月 20 日这一天发生。

4 月 20 日晚上 7 时 20 分至晚上 8 时 20 分,可以仔细观察新月日次日的纤细月牙。

水星——这颗行星非常容易被观察到……而且,届时将发生非常有趣的行星合月现象,值得广大尊敬的天文学爱好者认真观看……同样也在 4 月 20 日这一天……

虽然凡·高无法看到 1890 年的《科学美国人》(*Scientific American*)杂志，但杂志上刊登了一篇题为《4 月行星位置》(*Position of the Planets for April*)的有趣文章。作者指出，4 月下半月，水星会出现在明亮的金星周围，并建议："敏锐的观测者可以在日落后不久找到它们，顺着金星可以找到它旁边小小的邻居。"

这些话同样可以用来描述《有星星和丝柏的小路》中的天空，画面中突出展现了一颗璀璨的天体和它旁边那颗"小小的邻居"。

从计算机模拟的结果和当时的报道来看，我们能够知道，在 1890 年 4 月 20 日黄昏的暮光中，明亮的金星和水星出现在一轮弯弯的月牙附近——这也是凡·高能在圣雷米镇看到的最后一轮蛾眉月。

气象记录的证明

查尔斯·惠特尼收集了 1890 年 4 月普罗旺斯的天气记录。在了解了我们对 4 月 20 日双星伴月现象的解释之后，惠特尼指出了气象观测结果对这一研究结果的支持："数据显示，在凡·高当时居住的圣雷米镇，1890 年 4 月 18 日前的 4 天一直在下大雨……19 日早晨，阿尔勒镇附近天空的云层覆盖率达 60%，而在接下来的 4 天里，云层的覆盖范围在 20%～30% 之间。因此，20 日是 1 周中第 1 个天气晴好的日子，凡·高可能会出门作画。"

气象记录解释了为何凡·高被迫在室内画了几天画之后，可能会在 4 月 20 日出门寻找作画的题材。

1890 年凡·高信件的证明

两个月之后，到了 1890 年 6 月中旬，凡·高搬到了法国北部的奥维尔镇，此时他写了一封信，里面画了《有星星和丝柏的小路》的素描。凡·高在信中回忆了他在南部的普罗旺斯度过的时光，并谈到他在油画里的天空中画了一颗分外明亮的天体：

我还有一幅描绘南方星空下一株丝柏的油画。月色朦胧的夜空，一弯恰从地球阴影中浮现出来的月牙，一颗亮得夸张的星星，或者说，是云朵飘逸的群青色天空中，一道玫瑰色与绿色相间的柔光。天空下，路边是一片高大的黄色甘蔗，后面则是阿尔皮勒山的蓝色山麓、一间窗户透着橙色光线的古老旅店和一株非常高大的丝柏——它非常直，非常黑。路上有一辆白马拖拽的黄色马车，还有两名夜行者。这非常浪漫，也很"普罗旺斯"。

信中提到的"夜行者"佐证了我们的结论，即这幅画描绘的是黄昏的暮光，而非清晨的场景。凡·高明确提到，《有星星和丝柏的小路》是在南方的普罗旺斯的"最后的一次尝试"，而我们的分析认为，这幅画是凡·高在离开圣雷米镇前的最后一个太阴月①里创作的，所以两者也是吻合的。

1890 年 4 月 20 日，随着日色褪去，暮色愈渐深沉，文森特·凡·高可以亲眼看见耀眼的金星和明亮的水星出现在一轮弯弯的月牙附近——这一场景多么令人惊叹，可能为他创作《有星星和丝柏的小路》中的天空提供了灵感。

---

① 太阳月又称朔望月，指月相盈亏的平均周期。——编者注

❷

爱德华·蒙克:挪威的神秘天空

爱德华·蒙克是挪威最著名的画家,曾经创作过许多描绘晨昏光景和夜空的油画,这些画作由于内容颇为神秘,所以在艺术史学家之间引发了热烈的讨论。

爱德华·蒙克在代表作《呐喊》中描绘了蔚为壮观的血红色天空。《呐喊》中的挪威天空与印度尼西亚喀拉喀托火山大喷发之间存在何种关联?游客在奥斯陆看到标志牌的地方是蒙克最初拥有呐喊体验的地方吗?《呐喊》中的人物是像人们经常认为的那样站在桥上,还是站在其他地方?蒙克观察画中景象时面朝哪个方向?"喀拉喀托暮光"是在哪几天出现在挪威的呢?这几天里日落和天空透出暮光的方位是否与蒙克面朝的方向相符?蒙克在天空中看到的是什么?

在爱德华·蒙克的一生中,他最受推崇、最受喜爱的画作《码头上的女孩》(*Girls on the Pier*)描绘了宁静祥和的奥斯高特兰(Åsgårdstrand)度假村风光。这幅画里的黄色天体是什么?一些艺术史学家坚持认为它是太阳,而另一些艺术史学家同样确信它是月亮,那么它到底是太阳还是月亮?峡湾中那道神秘的反射光线是否违背了物理定律?或者,我们可以用光学原理来解释这一反射现象吗?

《呐喊》

在我们这个时代,只有少数艺术品能够成为流行文化的象征。人人都知道《蒙娜丽莎》的神秘微笑、《美国哥特式》里手握干草叉的农民、《思想者》的经典姿势,以及《星月夜》里的旋转天空。到了现代,挪威艺术家爱德华·蒙克的《呐喊》(见图 2.1)则十分独特地成了焦虑的象征。

由于《呐喊》中的天空颜色艳丽,颇为震撼,所以天文学家们对这幅画有着独特的兴趣。挪威奥斯陆蒙克博物馆保存的档案记录了蒙克的话,这些话清楚地表明,《呐喊》中壮观的暮色受到了真实事件的启发:"我和两个朋友一同走在路上,然后太阳落山了,天空一下子被染成了血红色,我感到怅然若失。我僵立在那里,倚着栏杆,疲惫不堪。蓝黑色(blue-black)的峡湾和城市上空飘着犹如鲜血和火焰一般的云。我的朋友继续朝前走,而我独自站着,因为焦虑而不住地颤抖。我感受到一阵尖锐的、永无止境的呐喊声穿透了自然。"

蒙克从未忘却这片天空,他曾在一生中数次描写过这个难忘的夜晚。蒙克说过的另一些话则为画作诞生的地点和画面上不同寻常的色彩运用提供了更多细节:

一天晚上,我沿着克里斯蒂安尼亚(挪威首都,1925 年更名

图 2.1 《呐喊》,爱德华·蒙克,1895 年。蒙克曾为这一场景创作过多幅不同版本的油画,标题分别为《绝望》《呐喊》和《焦虑》。在每个版本中,路人的上方都是一片晕染着血红暮色的天空,画中也都有显眼的护栏、几座克里斯蒂安尼亚的建筑、延伸至峡湾的半岛,以及地平线上的圆形山丘。虽然在不同版本中,前景里的人物各不相同,但关于地形的细节却是一模一样的

为奥斯陆）附近的山路散步，一道的还有两位同伴……太阳落山了……那场景就像一把燃着烈焰的血剑劈开了苍穹。大气层血红一片，同时还闪烁着火焰的光芒。山丘是深蓝色，峡湾则渐渐显现出冷蓝色(cold blue)，夹杂在黄色和红色之间。那鲜艳的血红色，路上有，护栏上也有。同伴的脸则变为黄白色。我当时的感受就像听到了一阵尖锐的呐喊，我也的的确确听到了一阵尖锐的呐喊。

蒙克在1893年画了最有名的那个版本，也就是《呐喊》，作为源于他个人经历的组画《生命的饰带》(*The Frieze of Life*)的一部分。如上文所述，1892—1896年，他就这一场景创作了多个版本的油画，包括《绝望》《呐喊》和《焦虑》。虽然在不同版本中，前景里的人物各不相同，但其中关于地形的细节却是一模一样的，这表明这些作品可能描绘了同一个实际存在的地点。我们得克萨斯州立大学团队想要知道是否可以找到这个地点的精确位置。蒙克在哪条路上感受到了焦虑，听到了呐喊？蒙克面朝哪个方向看到了《呐喊》中的景象？蒙克和他的两个朋友在什么时候沿着这条路散步？蒙克在天空中看到的是什么？

创作年份与季节

莱因霍尔德·海勒(Reinhold Heller)在其为《呐喊》所写的著作中指出："在秋天的最后几个月……太阳落山时，光芒照在云上……将云朵映照成条纹状和舌状，在湛蓝的天空中呈现浓烈的红色和黄色。这一场景非常震撼，令人难忘，难以用语言来描述。"在了解到蒙克于 1892 年 1 月 22 日写了一篇关于红色天空的散文之后，海勒判断，最初的呐喊体验发生在这之前不久，即 1891 年的秋天。

BBC 在关于《呐喊》的纪录片中做出了相同的解释，并指出，"红色和黄色的条纹状云是北欧特有的一种天气现象，北欧的画家常常会描绘这种云"，并赞同呐喊体验可能发生在 1891 年深秋的说法。

在另一种截然相反的观点中，托马斯·梅塞尔（Thomas Messer）认为"外部事物完全无法解释引发呐喊的那种恐惧究竟是什么"，他还观察到，"为整体构图增添了强度和旋转动感的带状图案常被视为声浪的视觉表达"，但也可能是"力量与能量的外化"。

这些解释对我们来说似乎还不够。梅塞尔似乎在暗示，蒙克的体验完全是一种内心的体验，但蒙克的书面记录则提到，血红色的天空先于他的感伤而存在，并触发了呐喊。此外，蒙克非常重视这一格外令人惊叹的暮色，但根据海勒的描述，这样的日落相当常见，也许每年秋天都能看到。

我们开始搜索从 1892 年 1 月 22 日前几年开始的天文和气象记录中可能会对蒙克产生重大影响的事件，但是未能如愿。然而，随着我们对蒙克的了解越来越深入，我们意识到，蒙克最初的呐喊体验可能要早很多。事实上，19 世纪 90 年代，许多《生命的饰带》中的油画，其灵感都来自于多年以前发生的事件，正如蒙克在笔记本中记录的那样。

例如，蒙克最爱的姐姐苏菲去世于 1877 年，而他到了

1893 年才在系列作品《病房中的死亡》(*Death in the Sickroom*)里描绘了这一悲伤的场景——两者相隔 16 年之久。再如,蒙克的母亲劳拉去世于 1868 年,而蒙克在 1890—1893 年才创作了一系列作品来描绘他与母亲的最后几次散步。我们想知道这种延后多年描绘自身经历的情况是否也发生在《呐喊》上。我们在蒙克博物馆前首席策展人阿恩·埃格姆(Arne Eggum)的书中找到了他对这一观点的支持。他不赞同海勒的看法,而倾向于认为蒙克沿着山路散步的日子可能是 1886 年夏季的某一天。

《呐喊》创作于更早的日期?

在 1891—1892 年冬天旅居尼斯期间,蒙克与他的朋友克里斯蒂安·斯克雷德斯维格(Christian Skredsvig)就艺术进行了讨论。当时的对话表明"呐喊"这一经历的确发生得非常早:

在很长一段时间里,他都想画出记忆中的落日。红如鲜血——不,应该说是凝固的血液。但是,没有人会在看到落日时产生这样的感受。他们想到的只有云。他说自己厌倦了这种使他感到恐惧的景象。这也使他感到悲伤,因为这样微不足道的创作资源是远远不够的。"他追求的是不可能之事,绝望就是他的宗教信仰。"我如此想道,但我劝他把景象画下来。于是,他就画了《呐喊》这一惊世之作。

回顾自己在尼斯度过的时光时,爱德华·蒙克明确提到了他最初获得《生命的饰带》中三幅油画的创作灵感的年份:"这些画作的部分草图已经在 1885—1889 年完成了,因为我曾为它们写过一些文章。更准确地说,这些画是 1884 年回忆录里的一些插图 ……"

蒙克在 19 世纪 80 年代的波希米亚时光

蒙克写给朋友延斯·蒂伊斯(Jens Thiis)的信也可以帮助我们确定《呐喊》的创作时间:"你不必大费周章探究《生命的饰带》的起源——这组油画的解释就在于波希米亚时光本身。"

虽然根据明确记载,1884 年,蒙克与主张波希米亚主义的画家、作家群体存在联系,但他对波希米亚时光的记忆很可能开始于 1883 年下半年。当时,蒙克与其他 6 位青年艺术家合租了克里斯蒂安尼亚的一家工作室。蒙克在 1883 年夏季的艺术工业展及 1883 年 12 月的秋季展中首次公开展出了他的油画。

此外,艺术史学家认为,几乎可以肯定的是,蒙克观看了 1883 年 10 月 17 日在克里斯蒂安尼亚举办的亨利克·易卜生戏剧《群鬼》的首演。这部戏剧颇具争议,它将奉行波希米亚主义的艺术家诚实、自由的生活与挪威社会的虚伪风气进行了对比。阿恩·埃格姆指出,蒙克在此期间为他的朋友画了一幅肖像画,画中人物摆的是《群鬼》中颇有波希米亚做派的奥斯瓦德(Oswald)所特有的姿势。

对艺术家而言,这是一个充满盛事的时节。对天文观测者而言也是如此。我们现在了解到,科学理论可以解释《呐喊》中的血红色天空。1883 年年末—1884 年年初出现了近 150 年中最令人叹为观止的暮光!

喀拉喀托火山岛的暮光

喀拉喀托火山(见图 2.2 和图 2.3)在 1883 年 8 月 27 日迎来了一次大喷发。一时间,大量尘埃和气体被喷射到高空之中。于是,先是在南半球赤道附近,人们看到了壮观的火红日落与日出,然后在接下来的几个月中,火山灰形成的云团向世界各地扩散,这使北半球的人们也能看到这样的景观。

伦敦皇家学会(Royal Society in London)发布的报道用 300 多页的篇幅讨论了"大气层中非同寻常的光学现象",其中一个章节叫作"关于 1883—1884 年世界各地异常暮光的描述"。

ISLAND OF KRAKATOA, IN THE STRAITS OF SUNDA, THE CENTRE OF THE LATE VOLCANIC ERUPTION, SAID TO HAVE DISAPPEARED.

图 2.2　这幅喀拉喀托火山的木刻版画刊登于 1883 年 9 月 8 日的《伦敦新闻画报》(*The Illustrated London News*)。观察者到达该地时,发现喀拉喀托火山所在的喀拉喀托岛很大一部分已消失在火山大喷发时

这一时期的报纸和科学期刊刊登了数百篇来自世界各地观察者的报道。火山大喷发甚至波及纽约,一直持续到 1883 年 11 月:

5 点一过,西方的地平线突然烧成一片火红,天空和云朵都染成了深红色。 街上的人都惊诧于这意外之景,三五成群,聚拢到角落里,凝望着西方。 许多人认为当时发生了一场火灾……人们站在台阶上,穿过街道向远方望去,好奇为何会发生这一不同寻常的景象。 云朵的颜色逐渐加深,直至呈现血红色,海面上血色尽染……

这一景象也为缅因州的观察者留下了深刻的印象:

过去的几天里,日落时分出现了一道惹人注目、美丽动人的风景,激起了人们的热议。 西边天空呈现一片血红,高度角约为 10°~12°,就出现在日落之后……光线反射到建筑物上的效果就像熊熊燃烧的火焰……

宾夕法尼亚州的人们看到了天空中的彩色条纹状图案,这一图案之后也出现在了《呐喊》中。当时,人们"在东边天空中看到了一种非常美丽惊人的现象……当天早晨的天空相当明亮,就像燃烧着红金色的火焰。突然间,令人们震惊的是,一面巨大的带有民族色彩的美国国旗浮现在天空之中,久久未散去"。

自 1883 年 12 月起,英国的《自然》(*Nature*)杂志发表了名为《壮丽日落》(*The Remarkable Sunsets*)的长篇系列报道。而且,各大报纸也刊登了许多信件,其中一封这样写道:"昨晚伊斯特本的日落堪称南岸日落之最。天空由浅橙色变成血红色,而

图 2.3　这幅描绘喀拉喀托火山活动的木刻版画刊登于 1883
年 8 月 11 日的伦敦画报《图画报》(*The Graphic*)上。就在当月晚
些时候，喀拉喀托岛在一次火山大喷发中分崩离析，尘埃和气体被
喷到高空之中

大海则犹如一团火焰。"

威廉·阿斯克罗夫特(William Ascroft)是一名极其勤勉的英国暮光观测者。他总结道:"最美的暮光出现在 1883—1884 年,这一时期有时暮光会变成浓重的血红色,人们称之为'血色余晖'。"

英国诗人阿尔弗雷德·丁尼生对这个季节的印象也非常深刻。他在之后的诗作《圣忒勒马科斯》(*St. Telemachus*)中运用了这一意象:

火红山峰猛烈喷发的灰烬

是否曾飞到高空,环游世界?

日复一日,在无数个血红色的傍晚飞舞……

愤怒的落日发出灼眼的光芒……

《法国科学院通报》(*Comptes Rendus*)在 1884 年 1 月一篇发自巴黎的报道中运用了"血红色"这一描述性词语。而 1884 年 1 月一篇发自普罗旺斯的报道则提到了更加生动的色彩:"日落之后,大地仿佛被盛大的烟花表演所照亮……天空先是呈现金黄色,然后变为橙色和玫红色,继而渐变为血红色,这一过程延续了 15 分钟以上。"我们团队最后找到了数百条来自世界各地观察者的报道,他们都提到当时当地的天空呈现"血红色"——爱德华·蒙克描述启发他创作《呐喊》的天空时,用的也是"血红色"一词。

即使在克里斯蒂安尼亚这样的高纬度地区,蒙克也绝对可以看到"喀拉喀托暮光"。伦敦皇家学会收集的报告表明,

1883 年 11 月下旬—1884 年 2 月中旬,挪威境内能看到异常的光芒。1883 年 11 月底,克里斯蒂安尼亚天文台的天文学家卡尔·费恩利(Carl Fearnley)和汉斯·戈尔莫伊登(Hans Geelmuyden)首次注意到,"耀眼的红光让观测者颇为诧异",而红光又逐渐变为"红色的条带"。《克里斯蒂安尼亚日报》(*Christiania Dagbladet*)则在 1883 年 11 月 30 日报道称:"今昨两日傍晚 5 点左右,城西方向出现了一道强光。人们以为发生了火灾,但这道强光实为日落之后雾蒙蒙的大气层折射出的一道红光。"

另有其他火山?

通过检索文献,我们发现,来自美国罗格斯大学的大气科学家艾伦·罗伯克(Alan Robock)首次提出《呐喊》中的天空实为受火山活动影响所致。然而,罗伯克认为,《呐喊》"描绘了奥斯陆港上空红色的落日之景,这一景象是由 1892 年阿武火山喷发引起的"。这一结论并不正确,因为蒙克在 1892 年 1 月 22 日就写过一篇描述血红天空的散文,而阿武火山是到了 1892 年 6 月 7 日才喷发的。

前往挪威实地考察

如果在蒙克和朋友一同散步时,喀拉喀托火山的烟雾染红了挪威的天空,那么这一天必定介于 1883 年 11 月下旬和 1884 年 2 月中旬之间,也就是冬至前后。因此,喀拉喀托火山大喷发引起的独特落日景象必定出现于西南方向。

2003 年 5 月,我们得克萨斯州立大学团队前往奥斯陆,其中一项任务就是要查阅蒙克博物馆和挪威国家图书馆档案馆里的文献记录。为了探索《呐喊》所描绘的景象出现于何方,我们也在奥斯陆附近登山远足,试图找到蒙克和他朋友看到血红色天空时的精确位置。

　　我们可以将奥斯陆的地形特征与蒙克画作中的地形特征进行比较,得出蒙克创作《呐喊》的真实地点,但我们更感兴趣的是蒙克最初拥有呐喊体验的位置。我们了解到,有一幅画作对确定位置而言至关重要。艺术史学家认为,这幅草图展现了蒙克对《绝望》这一画作的初步思考,蒙克称之为"最初的《呐喊》"。这幅画(见图 2.4)包含了具体的地形细节:左侧的悬崖,装有栏杆、向左拐弯、在悬崖前方向下延伸的道路,前方峡湾处的小岛,以及岛上凸起的圆形山丘。船上的桅杆穿过了地平线,这意味着蒙克作画时的观察点不高,在海面上方 100 英尺(约 30.5 米)以内。

　　蒙克之后创作的版本,包括那幅最著名的《呐喊》,观察点都要高很多。这些画作描绘了向下远眺所看到的港口中的船只,画面的右侧则暗示存在城市。

　　因此事实上,我们需要寻找两处地点。其中,较低的地点相对重要,因为蒙克最初是在那里拥有呐喊体验的。在奥斯陆之行中,我们发现低处和高处两个观察点都在海拔 465 英尺(约 141.7 米)的艾克贝格山(Ekeberg)的山坡上。

　　较高的地点位于港口上方 420 英尺(约 128.0 米)的岩架上。我们从这里可以看到向峡湾延伸的阿克什胡斯半岛(Akershus)、救主堂的尖顶和三一教堂的穹顶。蒙克用这些建

图 2.4 上：这幅素描展现了爱德华·蒙克对系列油画《生命的饰带》（《绝望》《呐喊》《焦虑》）的初步研究，其中涉及的地形特征可以帮助我们确定蒙克观察点的具体位置。左侧可见一处悬崖，画面朝向西南，中部可见霍维多岛（Hovedø）上独特的圆形山丘。下：爱德华·蒙克观察西南方血红色暮光的地点。如今，道路上已安装了金属和混凝土铸成的护栏。这条路在 19 世纪被叫作"Ljabrochausséen"，现在名为"Mosseveien"。仅在此处，悬崖和岛屿（一半被现代混凝土建筑所遮挡）看起来和蒙克素描中的相同，所以这里是蒙克最初拥有呐喊体验的地方

筑来勾勒城市的天际线。19 世纪末的贝德克尔(Baedeker)系列旅游指南建议游客一定要到这个赏景点来看看,尤其推荐游客"登上满是石头的老路……(它)穿过艾克贝格山的农场……然后再沿着一条田间小路前行"。5 分钟之后,游客可以离开道路,向右走几百步,这样就会"来到一个岩石垒成的绝佳观景平台,俯视下方的城镇和港口"。此处看到的全景图经常可见于当时的明信片(见图 2.5)、幻灯片和立体图中。虽然面对峡湾看到的景象大致位于西方和西南方向,但这一较高的地点不可能是蒙克"倚着栏杆,疲惫不堪"地看着红色暮光的地方。这是因

图 2.5　这张明信片大约制作于 1900 年,画的是从艾克贝格山俯瞰阿克什胡斯半岛和克里斯蒂安尼亚港时所见的景象。在《呐喊》油画中,蒙克将低处所见 Ljabrochausséen 路上的护栏和从高处鸟瞰港口的景观结合了起来

为我们查阅的早期的地图表明,没有道路及护栏通往这一岩架
上的赏景点。

低处的观察点,也就是蒙克画第一幅草图时所站的位置,位
于艾克贝格山西侧山坡底部的环山道路上。这条道路如今叫作
"Mosseveien",在19世纪的地图中被称作"Ljabrochausséen"。
根据艺术史学家弗兰克·霍伊福特(Frank Høifødt)的建议,我
们参观了奥斯陆城市博物馆(Oslo City Museum),该博物馆收
藏了一张19世纪的照片(见图2.6),展现了装有护栏的
Ljabrochausséen路,就像蒙克在《呐喊》中所画的那样。

图2.6 19世纪的照片证明,艾克贝格山脚下的 Ljabrochausséen
路装有护栏,就像蒙克画作所描绘的那样

这条道路仅高出水面50英尺(约15.2米),提供的观察角
度较低。如今,码头一侧的起重机朝地平线上方延伸,和蒙克素
描中穿过地平线的桅杆如出一辙。通过研究悬崖和霍维多岛上
独特的圆形山丘,我们得克萨斯州立大学团队可以非常精准地

确定蒙克的位置(见图 2.7),并将误差控制在 10 英尺(约 3.0
米)内。蒙克所站的位置就在距离 E6 高速公路穿过艾克贝格
山的隧道洞口 300 英尺(约 91.4 米)远的地方(从 Mosseveien
路和 E18 高速公路交叉口一侧的洞口开始测量)。这个位置
一定就是蒙克最初拥有呐喊体验的地方。蒙克画素描时面朝
西南方向——也就是 1883—1884 年出现喀拉喀托暮光的
方向。

图 2.7 这张照片展示了从 Mosseveien 路上方几英尺的山坡上看
到的景色,我们能够看到一座现代仓库的屋顶及峡湾中霍维多岛的轮
廓。岛上独特的圆形山丘出现在爱德华·蒙克的一幅素描中,也就是
包含《呐喊》在内的系列油画的第一幅草图

《呐喊》画的是桥还是路？

许多学者认为《呐喊》里的人站在桥上。《史密森学会》(*Smithsonian*)杂志有篇文章在开篇插图的说明文字中指出，蒙克"拥有营造令人不安的气氛这一天赋"，并用"1893 年代表作《呐喊》中迅速下降的桥梁"来举例说明。纽约现代艺术博物馆曾经将彩色粉笔画版的《呐喊》展出 6 个月，而为《纽约时报》(*The New York Times*)撰稿的一位作家将画面描述为"一个站在桥上、光秃秃的人"。BBC 则以这样一句话作为一则故事的开篇："在一片旋转的血红色的天空下，桥上有一个孤单的身影，他用手紧紧抱住头。"英国《卫报》(*The Guardian*)中的一篇文章也认为，这幅作品画的是"在桥上尖叫的男人"。旅游作家里克·史蒂夫斯(Rick Steves)的《斯堪的纳维亚旅游指南》指出，"蒙克最著名的作品画的是一个男人在尖叫……这个人似乎和桥上的人们是相互隔绝的"。如果在谷歌中搜索"蒙克""呐喊""桥"这三个关键词，数百条相似的结果都将显示。

正如前面解释的那样，蒙克最初拥有呐喊体验的地方其实并不在桥上，而是在一条装有护栏、叫作"Ljabrochausséen"的漫长道路上。不过，因为前方的护栏突然向下延伸，所以人们会误认为这是一座桥。

2012—2013 年纽约现代艺术博物馆彩色粉笔画版《呐喊》展的宣传材料最初含有"橙黄色天空下，桥上一个光秃秃的难忘身影"这样的表述，但在最后的通讯稿中这句文字被更正为"橙黄色天空下，路上一个光秃秃的难忘身影"。

错误的《呐喊》标志

在艾克贝格山山顶附近,岩架赏景点向东约 450 英尺(约 137.2 米)处,如今的游客可以在 Valhallveien 路马蹄形弯道路段的金属护栏附近找到一块"呐喊体验地"的标志牌(见图 2.8)。许

图 2.8　玛丽莲和唐纳德·奥尔森站在一条叫作"Valhallveien"的路上,路上有注明蒙克呐喊体验地的标志牌,也有金属护栏。虽然标志牌上的文字显示"爱德华·蒙克的《呐喊》……景致是从这里看到的",但是这里实际上并非蒙克最初拥有呐喊体验的地方。奥斯陆城市博物馆里的 19 世纪的地图清楚地显示,19 世纪八九十年代,这里并没有道路及护栏。蒙克看到血红色暮光的位置实际上在艾克贝格山山脚附近的道路上,位于该标志牌以西 2000 英尺(约 609.6 米)的地方,相对海拔为 −400 英尺(约 −121.9 米)

多游客会站在标志牌旁边或者倚靠着现代的护栏，想象自己在重新体验蒙克的感受，观看蒙克看到的景致。标志牌上的铭文写道："爱德华·蒙克的《呐喊》……景致是从这里看到的。"

然而，这块标志牌放错了地方。我们得克萨斯州立大学团队在奥斯陆城市博物馆查阅的许多 19 世纪的地图显示，如今这条拥有马蹄形弯道的 Valhallveien 路在 19 世纪并不存在。

一些挪威的作者已经开始质疑这块标志牌的准确性。2012年在奥斯陆当地晚报上刊登的一篇文章讨论了未来的蒙克纪念活动规划，标题为《〈呐喊〉观察点：奥斯陆是不是再次放错了蒙克的标志牌》。文章指出，Valhallveien 路不可能是蒙克观察天空的正确地点，因为"这条路最早建于 1937 年——此时距离蒙克创作《呐喊》已过数十年"。

根据我们得克萨斯州立大学团队在挪威考察之旅中所做的调查，高处岩架上的赏景点在 19 世纪人气很旺，蒙克也曾到过此处，但如今这里却长满了树木。如果从标志牌出发，向山的西北坡西行 450 英尺，游客仍能到达这里。低处道路护栏旁的观察点（也就是蒙克实际拥有呐喊体验的位置）靠近艾克贝格山的山脚，位于标志牌西侧 2000 英尺处，相对海拔为－400英尺。

蒙克的画及我们的地形分析结果能够有力地证明，血红色的落日余晖将喀拉喀托火山——世界著名火山和《呐喊》——世界著名油画相互联系了起来。

镜像之谜:《码头上的女孩》

时至今日,蒙克最著名的画作是《呐喊》。画面中,血红色的天空下出现了一个痛苦不堪的身影。这幅画现在被认为描绘了喀拉喀托火山爆发引起的火山暮光。但究其一生,蒙克最受推崇和喜爱的画作是《码头上的女孩》。这幅画创作于奥斯陆峡湾西侧的度假村奥斯高特兰,描绘了一派宁静的夏日风光。

这幅画中的黄色天体是什么?许多艺术史学家坚持认为它是太阳,而另一些艺术史学家则确信它是月亮,那么它到底是太阳还是月亮?还是说,我们可能无法确定这颗天体到底为何物?这幅画是否展现了度假村中的日间景象,还是说它画的是月光下的夜晚?树木和房屋都倒映在奥斯陆峡湾平静的海面上,但峡湾中却没有黄色天体的倒影。这样的设计是否违背了物理定律?或者,我们能否借助光学原理解释这消失的倒影?

蒙克的杰作

延斯·蒂伊斯是奥斯陆国家美术馆的馆长,他曾在 1933 年写道:"蒙克最伟大且最著名的杰作是《码头上的女孩》。"蒙克终其一生用 20 多个版本的油画、平版画、木刻版画和蚀刻版画来描绘这一场景。时至今日,《码头上的女孩》(见图 2.9)仍然广受欢迎。这幅画还被选为各种出版物的封面,像是当地的旅行指南、《蒙克作品全集》,以及最近几次蒙克展的作品目录。

图 2.9 《码头上的女孩》,爱德华·蒙克,1901 年。艺术史学家认为这是一系列类似的油画、平版画、木刻版画和蚀刻版画中最早的一个版本

　　天空中的黄色天体非常有趣。它是一轮东升的旭日还是一轮西沉的夕阳？它是一轮冉冉升起的月亮还是一轮徐徐落下的月亮？又或者,它可能是极昼时的太阳？我们很快就能排除最后一种可能性。因为奥斯高特兰度假村在北极圈以南,不可能出现极昼现象。然而,奥斯高特兰度假村的夏至时分,太阳落下后也离地平线不远,因此天空在夏至的夜晚未曾变黑,此即所谓的"白夜"现象。

白天还是黑夜？太阳还是月亮？

延斯·蒂伊斯认为这颗黄色天体是月亮,并表示这幅画描绘了这样的夜间景象:

> 蒙克首先描绘了北方的夏夜。没有人像他那样描绘过白夜的神秘迹象,高大的树冠在沉睡的白房子和周边乡村暗淡模糊的轮廓上不停摇摆。在这样柔和的背景下,他通常会集中展现纯色的鲜艳与炫丽,就像在前景中年轻女孩和妇女所穿的亮色夏装所体现的一样。

蒂伊斯特别提到,月亮为《码头上的女孩》里的天空增添了魅力。他这样写道:"一轮小小的、暗淡的月亮下,建筑物在睡梦中纷纷消失。"

现代艺术史学家乌尔里希·比肖夫(Ulrich Bischoff)赞同蒂伊斯的说法,认为"可以透过高大的树看到月亮"。

1978 年,美国华盛顿国家美术馆举办了一场名为"符号与图像"(*Symbols and Images*)的展览,这次展览的作品目录非常重要,但目录中没有明确指出这幅画中的天体是什么。关于《码头上的女孩》,目录中的一篇文章断言:"小小的、暗淡的月亮告诉我们,这是一个北欧的晴朗夏夜。"

在同一份目录中,描述同一幅油画的另一篇文章提供了对立的说法:"我们确实看到,左侧的太阳照耀在房屋之上。"克莱门特·克罗克斯(Clément Chéroux)在他的一项研究中也明确支持了"太阳说"。他表示,这幅作品画的肯定是下午晚些时候的场景。

艺术史学家托马斯·梅塞尔则提出了"相合说",他认为这抹黄色画的是日月相合的现象。

2003年,维也纳阿尔贝蒂娜博物馆举办了一场盛大的蒙克作品展,展览的作品目录总结了近年来的学术研究成果。这部鸿篇巨制的封面和封底是不同版本的《码头上的女孩》,其中有一个章节讨论了蒙克在奥斯高特兰创作的这一系列油画,但拒绝就这些作品中的天体究竟为太阳还是月亮发表意见。目录中只提到:"这些作品画的是太阳还是月亮,画的是一个漫长的北方夏日还是夜间的景象,一直都是对画作进行讨论的焦点。"

我们得克萨斯州立大学团队想要了解,天文学分析能否就天文学问题和地形学问题给出明确的答案。黄色的天体到底是太阳还是月亮?蒙克站在码头的何处?从蒙克所站的位置来看,黄色天体的方向是什么?夏天的时候,太阳或月亮会出现在那一方天空吗?

前往挪威实地考察

2003年5月,我们得克萨斯州立大学团队访问了奥斯高特兰度假村。我们的照片(见图2.10)显示,白色栅栏和房子到现在仍然十分容易辨认。那些参天大树也同样在100多年后留存了下来。三株椴树如今已经长到一块儿,叠合成一个巨大的树冠。

可以确定的是,码头是朝着东北方向延伸至水中的。因此,对于像蒙克一样看向岸边的观察者而言,码头在西南方向。

图 2.10　这张照片是在 2003 年 5 月从现代石砌码头面朝西南拍摄所得的，我们很容易就能从中辨认出《码头上的女孩》所呈现的奥斯高特兰度假村的景象

　　但是，还存在一个较为复杂的情况。挪威奥斯陆蒙克博物馆的弗兰克·霍伊福特和拉塞·雅各布森（Lasse Jacobsen）提醒我们，奥斯高特兰度假村现代码头的位置和蒙克创作油画时旧码头的位置稍微有些不同。

　　所幸的是，我们找到了不少展现蒙克时期港口的旧明信片和老照片（见图 2.11 和图 2.12）。我们通过视差移动的方法将一个世纪以前的照片和我们现在拍到的照片进行了对比。这一方法测量的是观察者改变位置时附近物体相对于远处背景物体会如何发生移动。通过测量离白色栅栏最近的一个角落相对于背景中建筑物的移动程度，我们计算出旧码头必定位于现代码头以北 18 英尺(约 5.5 米)处。后来，我们通过当地的一本历史出版物证实了这一点。这本出版物中有一篇文章记载，1904 年，原有的木码头被改建为现代的石砌码头。根据这篇文章，旧码头是"蒙克最受欢迎的作品《码头上的女孩》所画的地点……旧的木码头位于新的石砌码头的北侧，并与之平行"。我们的计算还考虑了油画最左侧房顶的一些变动。

图 2.11　一张旧明信片上的照片展现了《码头上的女孩》所呈现的奥斯高特兰度假村的景象。这张照片大致拍摄于 1905 年，就在现代石砌码头竣工后不久

　　根据调查,我们最终确定,蒙克画的是西南方天空较低位置上的黄色天体。因此,黄色天体不可能是太阳,因为太阳在整个夏季都会在西北方的天空落下。太阳仅在 11 月第三周到 1 月最后一周的时间段里会在油画当中天体的位置落下,但这和油画描绘了夏季挪威度假胜地的事实相矛盾。

　　图 2.12　这张奥斯高特兰度假村港口的旧明信片展现了现代的石砌码头正在替换爱德华·蒙克《码头上的女孩》中原有的木码头。这幅油画的历史一般可以追溯到 1901 年左右,而这张照片必定拍摄于 1894—1904 年,也就是从木码头修建完毕到现代石砌码头取代原有木码头的这段时间

月亮在满月或接近满月时的季节性运动模式与太阳的恰好相反。夏季,满月从东南方升起,然后低低地挂在南方的地平线上,最后在西南方的地平线落下——这也正是这幅油画中黄色天体所在的位置,因此它必定是月亮。

"失踪月亮"之谜

在挪威白夜的寂静时刻,蒙克展现了峡湾中平静海面倒映出的树木和房屋。这就引出了最后一个有趣的问题——为何月亮的倒影没有出现在水面上?

许多评论家注意到了月亮倒影的缺失,并用象征手法或精神分析学方法来解释这一问题。例如,大卫·洛沙克(David Loshak)指出,水中的"月亮完全消失了",并用理论分析道:"背景与其倒影之间的差异可能表明记忆是不准确的。"托马斯·梅塞尔也同样观察到黄色天体"在水面中消失了",并觉得蒙克可能想要"消除一个可能存在的情感缺陷"。

然而我们发现,简单的光学知识就能解释水中的"失踪月亮"之谜。如图 2.13 所示,月光可以越过屋顶进入蒙克的眼睛,同时,房子又挡住了生成月亮倒影的反射光线。

图 2.13 《码头上的女孩》这幅画一直以来都存在一个谜团,那就是水中黄色天体的倒影为何会消失。左图模拟了蒙克的画作。如果我们想象房子像右图所画的那样突然消失,那么水中便会出现月亮的倒影

物体及其倒影的差别

通过文献检索,我们发现自然界光学现象的权威先驱马塞尔·明纳尔特(Marcel Minnaert)在他的书中也提到了一模一

样的现象:

大部分人认为,景象在平静水面中的倒影就是景象本身上下颠倒后的画面。 这完全不符合事实……

物体离我们越近,它们的倒影相对于背景的倒影就越低……图 10a 展现了为何观察者可以直接看到月亮,但月亮的倒影会被塔楼挡住。 图 10b 展示了相对于远处月亮的倒影,塔楼的倒影要来得更低;同时,因为与塔相比,树离水面更近,看起来也就更高,树的倒影也就比现实中的树要高……虽然倒影和物体本身相同,但两者的相对位置发生了变化,所以从透视效果来看,倒影和实物会有所不同。 当你意识到这一点时,这些现象就变得十分正常了。 我们看到的景物倒影就如同我们从水面以下自己眼睛的倒影所在的位置望向实际景物时所看到的画面。 我们的眼睛离水面越近,或者物体离我们越远,那么物体和倒影之间的差别就越小。

这本书甚至还用一张插图(见图 2.14)展现了观察者为何能够看到这样一个令人惊讶的场景:观察者在湖面附近的建筑物上方可以看到一轮月亮,但水中却没有月亮的倒影。明纳尔特的分析和我们对《码头上的女孩》的分析完全相符。

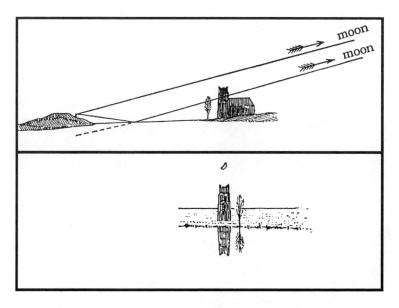

图 2.14　在这组图中,山上的观察者可以直接在塔楼上方的天空中看到月亮,但是无法在水中看到月亮的倒影。这是因为塔楼挡住了月亮的反射光线。这两张图也是马塞尔·明纳尔特的权威著作《户外的光与色》(*Light and Color in the Outdoors*)中的图 10a 和图 10b

根据蒙克的信件进行确认

我们得克萨斯州立大学团队在分析完《码头上的女孩》之后,对蒙克的信件(许多尚未出版)展开了搜索。在此期间,我校图书馆研究馆员玛格丽特·瓦维雷克(Margaret Vaverek)向我们指出了两封特别有意思的信。1902 年 3 月 8 日,蒙克描述了一幅"在奥斯高特兰度假村创作的、画有三名年轻女孩的作品",

接着,在 1902 年 3 月 18 日,他将这幅作品命名为《夏夜》——蒙克亲自确认了这幅画描绘的是夜间景象,所以黄色天体必定是月亮。

显然,爱德华·蒙克的画作非常准确,不仅仅对夏日的满月在天空中的位置,他对倒影中"失踪月亮"的观察和描绘也很精准。正如延斯·蒂伊斯所说,一个世纪以前,我们会非常钦佩蒙克,钦佩他作为一名描绘北方夏夜的画家所具备的精湛技法。

第二部分
历史中的天文学

CELESTIAL SLEUTH

❸
马拉松之战、凯撒入侵英国、保罗·瑞威尔午夜狂飙和泰坦尼克号沉没时的月亮与潮汐

天文学分析可以帮我们确定古时候重要历史事件发生的日期,也可以帮我们解开与那些离我们较近的、发生日期已知的事件相关的谜团。我们得克萨斯州立大学团队对潮位、月相和月光方向进行了计算,获得了本章所述五个例子的研究新结果。

对于马拉松之战和人类历史上的第一次马拉松,现代学者都认为,这两个事件发生于公元前 490 年。然而,他们对事件发生的具体日期发表了不同意见。古书上描述了马拉松之战发生时的月相。我们应该如何利用这一天文学线索确定马拉松之战的日期,以及士兵从战场跑回雅典的日期?计算所得的日期和季节能否帮助我们解释为何士兵在宣布完紧急的消息后便倒地而亡?

公元前 55 年,尤里乌斯·凯撒指挥的入侵船队从法国高卢(Gaul)驶向英国海岸。此后的历史学家一直在争论具体的入侵日期和登陆地点。我们应该如何借助秋分这一时间、潮流的方向和月相计算出尤里乌斯·凯撒入侵英国的日期?几乎每本历史书都提到,凯撒在公元前 85 年 8 月 26 日或公元前 85 年 8 月 27 日,下午顺着潮流漂到了多佛尔(Dover)东北部。我们如何确定这一描述不可能是正确的?罗马战舰是在何时靠近英国海岸的?尤里乌斯·凯撒的登陆地点在英国何处?

对于美国殖民地时代的许多历史事件,现代历史学家知道明确的日期,但这些历史事件仍存在其他谜团。

1775 年 4 月 18—19 日的夜晚,保罗·瑞威尔坐着一艘小船横渡波士顿港。月亮冉冉升起,他乘坐的小船从英国战舰萨默塞特号(Somerset)东边悄悄驶过。接着,他在查尔斯镇(Charlestown)上马,"午夜狂飙"到乡村。哨兵接到命令,必须阻止任何试图离开波士顿的人,那么这些哨兵是睡着了还是疏忽了?为什么他们很难注意到月色中瑞威尔那艘小船的黑色轮廓呢?我们应该如何对月球位置做出天文学分析,解开长期以来与保罗·瑞威尔"午夜狂飙"事件有关的谜团?

1912 年 1 月 4 日出现了被称为"极端月球近地点"的天文现象,这意味着月球处在 1400 多年来最接近地球中心的位置。这一罕见的月球现象和三个月后泰坦尼克号的沉没之间可能存在怎样的联系?月亮对 1 月海洋潮汐的影响能否解释为何

1912 年春季有如此多的冰山向南漂流到航道上？

月亮和人类历史上的第一次马拉松

波士顿马拉松、纽约马拉松，以及当下在世界各地举办的其他所有马拉松赛事，都可以追溯到著名的古希腊传令兵的故事。这名士兵从马拉松之战的战场出发，跑了大约 26 英里（约 41.8 千米）回到雅典，宣布了希腊战胜波斯的消息，之后便倒地而亡。鲜为人知的是，古代的历史资料实际上描述了两次不同的奔跑——战前雅典向斯巴达求援时的长跑，以及战后较短的马拉松狂奔。

研究古希腊的学者就这些事件发生的年份达成了一致，但在确切日期上持有不同意见。天文线索可以帮助我们确定马拉松之战的发生时间吗？我们应该如何通过公元前 490 年的月相计算出士兵从马拉松战场跑回到雅典的日期？我们在计算时应该使用哪种历法——雅典历法还是斯巴达历法？为什么当时的传令兵急着跑回雅典？如果他只是为了宣布希腊人获胜的消息，那么为什么要这么着急呢？是否还有其他原因让他不断突破自己的耐力极限？计算所得的日期和季节是否也透露了传令兵在宣布消息后死亡的原因？

战前的奔跑

公元前 490 年，波斯帝国君主大流士派军队攻打希腊。入侵部队在马拉松登陆。

雅典的将领一面将士兵派往马拉松应战,一面派人奔赴距离拉斯第孟(Lacedaemon)约 150 英里(约 241.4 千米)的斯巴达 ①,向强大的斯巴达军队紧急求援。希腊历史学家希罗多德并未告诉我们此次战前奔跑的具体时间,但有趣的是,他提到了当时的月相:

将领们派了一名传令兵前往斯巴达。 这名传令兵是一位名叫斐迪庇第斯(Pheidippides)的雅典人,专门负责长跑……斐迪庇第斯在离开雅典的第二天便到了斯巴达。 他来到统治者面前,对他们说:"拉斯第孟人,雅典人恳求你们赶快援助我们,不要让整个希腊最古老的城邦遭受异族人的奴役"……斯巴达人表示他们有意协助雅典人,但他们没法立即这样做,因为他们不愿打破他们的宗教律法。 原来,那天正值当月前 10 天中的第 9 天,他们表示,第 9 天月亮还未圆,他们是不能派兵远征的。 于是,他们便等待月圆之夜的到来。

古希腊人的一个月从新月那天算起,然后将接下来的 29 天或 30 天分为 3 个阶段:前 10 天是"起"或者说"盈"的阶段,月光在这 10 天中会逐渐变亮;接下来的 10 天是"中"的阶段,最中间那天是满月;最后 9 天或 10 天是"灭"或者说"亏"的阶段,月光在这段时间会逐渐暗淡。因此,"前 10 天中的第 9 天"指的是月盈阶段的第 9 天,而希罗多德所说的"月圆之

---

① 拉斯第孟是斯巴达这一城邦的古称,而斯巴达这一名称在当时指的是城邦在欧罗塔斯河(The Eurotas River)岸的主要聚居点。——译者注

夜"则出现在 6 天之后。在卡尼奥斯月(Karneios),斯巴达人
不得在纪念太阳神卡尼奥斯(阿波罗的别称)的节日卡尼亚节
中参与战事。这一节日总是在月圆时结束。这一天,月亮会
在日落时升起,并在午夜时分升至最高点,直至日出时才落
下。古希腊悲剧大师欧里庇得斯在描述这一场景时写道:"在
斯巴达,当卡尼亚节结束时,月亮整夜都高高地挂在空中。"
1879 年,英国诗人罗伯特·勃朗宁发表了题为《斐迪庇第斯》
的作品。他在其中讲述了雅典人的求援和斯巴达律法禁止军
队在月圆之前出征的规定:

> 跑呀,斐迪庇第斯,快跑快奔,到斯巴达去向他们求助!
>
> 波斯人打来了,我们在这儿,他们在哪儿?
>
> 您的命令我已执行,又跑又奔,就像野地里的残茬,在大火
> 中燃烧得迅速,
>
> 城邦与城邦的距离让我整整燃烧了两天两夜……
>
> 细细思忖古老的戒律,无论你们有多大概率胜出,只要天上
> 的月亮尚缺,未能圆满,我们就不能派兵参战!
>
> 月亮已在快快变圆:雅典必须像我们一样耐心等待——决定
> 如何,我们暂且不谈。

现代的运动员已向我们证明,斐迪庇第斯的长跑是完全有
可能发生的。自 1983 年以来,每年都会举行斯巴达超级马拉松
(Spartathlon)比赛,选手需要从雅典跑到斯巴达,大约跑 150 英
里,最快的选手不用 27 小时就能跑完。

马拉松之战

士兵数量较少的雅典军队在马拉松建立起了强大的防守阵地,并等待着斯巴达人的援助。雅典军和波斯军在马拉松对峙了大约一周。日子一天天过去了,月亮变得越来越明亮。双方都知道斯巴达士兵将在满月之后立即出发,并在此后几天抵达马拉松。

显然,波斯人在满月来临之际,将他们的兵力分散开来,以便在斯巴达人到达之前采取行动。波斯人当时可能将部分士兵送上船,绕过苏尼翁海岬,然后在雅典的法勒隆港(Phaleron)登陆。

这样一来,希腊军别无选择,只能立即应战。他们试图迅速击败马拉松的波斯士兵,然后赶紧回去保卫雅典,抵御从法勒隆港登陆的入侵部队。

希腊人边跑边进攻(见图3.1),以尽量缩短自己暴露在波斯弓箭手面前的时间。在波斯军分散兵力、坐船出海之后,希腊很快就大获全胜。希罗多德告诉我们,波斯军损失了6400名士兵,而雅典仅损失了192名士兵。希腊的英雄们被埋葬在名为索罗斯(Soros)的土丘下,我们在今天仍然可见他们的坟莹。

图 3.1　沃特·克莱因（Walter Crane）为《希腊的故事》（*The Story of Greece*）画的插图，表现了希腊重装步兵在马拉松之战中向波斯军进攻的场面

这一事件的重要性是不言而喻的。如果当时希腊未能在马拉松之战中获胜，那么雅典就不会迎来黄金时代，也不会在艺

术、雕塑、戏剧、诗歌、医学、哲学、数学和天文学领域取得巨大的
成就。

战后的狂奔

罗伯特·勃朗宁在 1879 年创作的长诗中提到了斐迪庇第
斯的两次奔跑——一次是为了向斯巴达求援,另一次就是战后
的马拉松狂奔(见图 3.2)。他那浪漫的描述对 1896 年奥运会
以来现代马拉松赛事的设计发挥了重要作用。不过,这次充满
英雄气息但在最后又导致英雄丧命的奔跑并不是勃朗宁编造出

图 3.2 《农夫皮尔斯的历史》(*Piers Plowman Histories*)的插图,描
绘了人类历史上的第一次马拉松,士兵从战场跑回了雅典

来的。希腊传记作家普鲁塔克在文章中提到："按照赫拉克利德斯·彭提乌斯（Herakleides Ponticus）所言，马拉松之战的消息是由埃罗埃达埃（Eroeadae）的色尔西普斯（Thersippus）带回来的，但大多数作家表示，全副武装不停奔跑的是尤克勒斯（Eukles）。他从战场出发，跑得汗流浃背，最后冲进了他看到的第一户雅典人家里，只来得及说'欣喜吧！我们赢了'，然后马上就死了。"

希腊语讽刺作家琉善也讲过一个类似的故事："长跑能手斐迪庇得斯将捷报从马拉松带到执政官面前。执政官们当时正坐在位子上，焦急地等待着战役的结果。斐迪庇得斯说：'欣喜吧！我们赢了！'话音刚落，他便在汇报中死去，只来得及说这么一句。"

不管这名士兵叫什么——斐迪庇得斯还是斐迪庇第斯，他在战后都有充分理由拼尽全力奔跑，不仅仅是为了宣布希腊马拉松大捷，还为了传达波斯人坐船袭击雅典港口的紧急消息。

普鲁塔克解释了为什么派出的士兵及雅典人在战后如此着急：

当雅典人赶走了异族人，迫使他们坐船出海时，他们看到异族人并未向岛屿方向航行，而是顺着风和水驶向阿提卡（Attica，一片包括雅典在内的区域）。他们担心波斯人会发现雅典无人防守，于是赶紧派了9个部落回去，并在当天回到了雅典城。

希罗多德的《历史》提到了波斯战舰的航线，并强调了雅典人着急的原因：

波斯人绕过苏尼翁海岬，希望在雅典人赶到之前到达雅典城……但是雅典人以最快的速度赶回来，保卫他们的城市，而且他们是在异族人到来之前就回到雅典的……异族人将船停在法勒隆港。法勒隆港也就是雅典当时的港口。他们在船上停留了一段时间，随后便起航返回亚细亚。

月亮与斯巴达人

斯巴达人在马拉松之战中姗姗来迟。希罗多德后来又一次提到了满月(见图3.3)："月圆之后，2000名拉斯第孟人来到了雅典。他们匆忙赶路，在离开斯巴达后第三天来到了阿提卡。"

图3.3　根据古希腊历史学家希罗多德的记载，斯巴达法律不允许军队在月亮未圆时出征，这一月相可以帮助我们确定马拉松之战的日期。这张在现代拍摄的照片展现了2010年1月30日晚上雅典帕特农神庙上空的满月

古希腊哲学家柏拉图也详细描述了这一时机："拉斯第孟人
在发生于马拉松的战役中晚来了一天。"

有了这两段话,我们便可以通过天文学分析来确定马拉松
之战的日期。不过,前提是我们能用古希腊历法进行计算。

雅典历法:马拉松之战在 9 月打响?

雅典历法包括 12 个太阴月,每个月都从新月之夜开始算
起。柏拉图告诉了我们雅典的一年是从何时开始的:"新的一年
开始于夏至日的下一月。"

12 个太阴月只包含了 354 天,比我们熟悉的太阳年少了 11
天。为确保第一个月"赫卡托姆拜昂月"(Hekatombaion)开始
于夏至之后的第 1 个新月之夜,雅典人每 2~3 年会在第 6 个月
和第 7 个月之间加上 1 个闰月。

研究古希腊历史的德国学者奥古斯特·波克(August
Böckh)曾凭借天文学分析来推算马拉松之战的日期,而他得出
的结论如今已被广为接受。他想要确定卡尼亚节的月圆时间,
也就是延误了斯巴达人出兵的卡尼亚节的高潮时刻。

波克看到过普鲁塔克的一段话,里面说一些事件发生于"卡
尼奥斯月,雅典人称其为'麦塔格特尼昂月'(Metageitnion)"。

波克也知道,麦塔格特尼昂月是雅典历法每年的第二个月。
他认为,斯巴达人在卡尼亚节后的第二天出征,三天后到达雅
典,但是前一天战役已经结束,他们还是来晚了。

波克还请了德国天文学家约翰·恩克(Johann Encke)计算
公元前 490 年的月相和夏至的日期。综合上述信息,波克得出

了表 3.1 中的结论,判断马拉松之战发生于公元前 490 年 9 月
12 日。

表 3.1 奥古斯特·波克根据雅典历法计算出马拉松之战的
时间为公元前 490 年。 波克的依据是:斯巴达历法中的卡尼奥斯
月对应雅典历法每年的第二个月,也就是"麦塔格特尼昂月"。
因此,卡尼亚节的满月应为夏至再过两个新月后出现的满月

公元前 490 年	
6 月 29 日	夏至
7 月 26 日	新月出现,雅典的第一个月开始
8 月 25 日	新月出现,雅典的第二个月(麦塔格特尼昂月)开始
9 月 2 日	斐迪庇第斯从雅典跑向斯巴达
9 月 3 日	斐迪庇第斯在太阴月的第 9 天跑到了斯巴达
9 月 9 日	满月出现,斯巴达宗教节日卡尼亚节结束
9 月 10 日	斯巴达军队从斯巴达出兵
9 月 12 日	马拉松之战,传令兵从马拉松跑到雅典
9 月 13 日	斯巴达军队姗姗来迟,到雅典时已晚了一天

波克的计算与马拉松之战发生于 9 月的这一结论具有
极大的影响力,且为许多书和文章所采纳。许多其他学者也
认定马拉松之战发生于 9 月的第二周。斯巴达超级马拉松
的组织者安排"每年 9 月进行比赛,因为根据希罗多德的说
法,当年斐迪庇第斯奔赴斯巴达的任务就是在 9 月的时候完
成的"。

斯巴达历法:马拉松之战在 8 月打响

然而,一些学者提出了质疑,认为马拉松之战可能发生于 8 月。他们表示,波斯人不会在盛夏入侵阿提卡,因为那时实在太迟了。研究古希腊历史的德国学者格奥尔格·布索特(Georg Busolt)解释道:

战役的日期我们无法确定,只知道战役发生于满月的时候,或者发生于公元前 490 年 9 月 9 日左右,或者——这更有可能——发生在 8 月 10 日左右⋯⋯这场战役不可能早于 8 月的满月那天,但也几乎不可能比这更晚。因为波斯的战船在那一年早些时候离开奇里乞亚(Cilicia),即使它们在岛屿之间或多或少耽误了一些时间,也不太可能会花四个月,或者说一年中几乎所有的好时光,在爱琴海上航行。

历史学家安德鲁·伯恩(Andrew Burn)也认为 9 月似乎太晚了,并认为天文学计算有些模棱两可:

波斯人会在 7 月末抵达埃维亚岛(Euboea,一座毗邻马拉松的希腊岛屿),在没有遇到有效抵抗的情况下,他们应该可以做到这一点⋯⋯但那年夏至左右有一轮新月,带来了几分不确定性。根据天文学计算,新月应该出现在夏至之前⋯⋯也就是出现在上一年中⋯⋯但是具体是否如此计算,取决于实际观察到新月的时间⋯⋯以及雅典和斯巴达如何定义夏至。如果公元前 490 年的卡尼亚节满月出现在 8 月⋯⋯就像布索特认为更有可能的那样⋯⋯人们就不会那么纠结于波斯人为何会在前往埃维亚岛的途中花费如此多时间这个问题了。

出于类似的原因,研究古希腊的学者彼得·格林(Peter Green)也选择"采纳伯恩的时间方案",认为马拉松之战发生于8月的满月前后。

我们得克萨斯州立大学团队对马拉松之战发生于8月还是9月的争论产生了兴趣,并开始用计算机计算各个日期的时间及月相。我们突然意识到,波克在计算出9月这一结论时使用了雅典历法,但是卡尼亚节是斯巴达的节日,所以我们的计算应该采用斯巴达历法!

根据德国年代学者弗里德里希·金泽尔(Friedrich Ginzel)的说法,斯巴达历法与雅典历法不同,斯巴达的一年并不是从夏至之后开始的,而是从秋分之后开始的。研究古希腊的德国学者恩斯特·比肖夫(Ernst Bischoff)的一篇文章也认同斯巴达新年开始于秋分之后的观点:"在拉斯第孟……新的一年从秋分后的新月开始。"

比肖夫认为卡尼奥斯月是斯巴达的第11个月。但事实上,学者们如今仍在研究斯巴达历法,目前斯巴达历法是不完善且不确定的。相较于留下了丰富文字资料的雅典人,斯巴达人留下来的文字记录寥寥无几。如果我们假设卡尼奥斯月是秋分之后历法一年中的第11个月,那么我们就能据此计算出卡尼亚节满月的日期。有趣的是,如此计算所得的结论,与布索特、伯恩及格林通过军事分析得出的更有可能的日期完全一致。

如表3.2所示,如果我们使用斯巴达历法来计算卡尼亚节这一斯巴达节日,那么马拉松之战发生于公元前490年8月12日。

表 3.2　我们用斯巴达历法计算了马拉松之战的时间，结果发现马拉松之战发生于公元前 490 年 8 月 12 日。我们的依据是：卡尼奥斯月是斯巴达一年中的第 11 个月。因此，卡尼亚节满月应为前一年秋分再过 11 个新月之后的满月

公元前 491 年	
9 月 29 日	秋分
10 月 4 日	新月出现，斯巴达历法一年中的第一个月开始（斯巴达新年伊始）
公元前 490 年	
7 月 26 日	新月出现，斯巴达历法 1 年中的第 11 个月（卡尼奥斯月）开始
8 月 3 日	斐迪庇第斯开始从雅典奔赴斯巴达
8 月 4 日	斐迪庇第斯在太阴月的第 9 天跑到了斯巴达
8 月 10 日	满月出现，斯巴达宗教节日卡尼亚节结束
8 月 11 日	斯巴达军队从斯巴达出兵
8 月 12 日	马拉松之战，传令兵从马拉松跑到雅典
8 月 13 日	斯巴达军队姗姗来迟，到雅典时已晚了一天

这一结论也能很好地解释为何传令兵要在战役结束后匆忙赶回雅典。

奔跑者之死

传令兵的传奇性死亡（见图 3.4）令人有些怀疑他是否在历史上真实存在过。跑步大师吉姆·菲克斯（Jim Fixx）曾对人类历史

上的第一次马拉松提出过质疑:"我们知道马拉松之战……发生在 9 月,现在雅典 9 月的平均最高温度为 83℉(约 28.3℃)……斐迪庇第斯的故事显然是不可能的。问问你自己:如今成千上万的马拉松运动员在每个周末都能相安无事地跑完马拉松,而一个受过训练的跑步者在跑完马拉松之后不仅倒下而且还死了,这种可能性有多大?"

图 3.4 让-皮埃尔·科尔托特(Jean-Pierre Cortot)于 1834 年创作了这尊大理石雕像,名为《马拉松的士兵宣布胜利的消息》(*The Soldier of Marathon Announces the Victory*)。基于关于季节和月相的天文学计算,我们可以解释为什么疲惫的跑步者从马拉松战场跑回雅典之后会倒地而亡

菲克斯在为《体育画报》(*Sports Illustrated*)撰写的文章中表达了相同的观点。此后不久,研究古希腊历史的学者弗兰克·弗洛斯特(Frank Frost)也表示支持这一观点,认为菲克斯

的"怀疑是正当合理的"。弗洛斯特发表了《马拉松的可疑起源》
(*The Dubious Origins of the Marathon*)一文,指出人类历史上
第一次马拉松的故事是"添油加醋的杜撰"。弗洛斯特断定,"马
拉松赛事绝对缺少史实的支持"。

菲克斯确信马拉松之战发生于 9 月。他曾大致考虑过跑步
者因中暑而死亡的可能性,但最终认定人类历史上第一次马拉
松的故事只是一个神话而已。

根据我们的天文学计算结果,马拉松之战并非发生于相对凉爽
的 9 月,而是发生于相对炎热的 8 月,而且我们也据此估算出了第
一次马拉松期间的温度。按照儒略历,我们计算所得的日期是公元
前 490 年 8 月 12 日,这一天以后的 48 天便是秋分。按照现行公历,
公元前 490 年 8 月 12 日则对应 8 月 5 日或 8 月 6 日,这一天之后的
48 天也是现行公历中的秋分。希罗多德没有提供马拉松之战的精
确发生时间,但似乎战役发生在早上,传令兵则在中午或下午跑回
雅典。希腊国家气象局的气候数据显示,8 月初从马拉松到雅典沿
途的午后温度平均为 31℃～33℃,雅典附近的最高温度可达 39℃。

也正因为天气炎热,现在的比赛组织者倾向于将赛事安排
在凉爽时节的早晨。譬如,波士顿马拉松在每年的 4 月举行,纽
约马拉松在每年的 11 月举行。在 2004 年的雅典夏季奥运会
中,马拉松赛道从马拉松的起跑线开始,然后沿着古老的马拉松
路线,一直延伸到帕纳辛奈科体育场的终点线。这场激动人心
的比赛于 2004 年 8 月 29 日举行,是奥运会最终日的压轴比赛。
奥运会策划者将马拉松比赛定于下午 6 点开始,特意避开了 8
月中最酷热难耐的时间。

公元前 490 年 8 月 12 日的下午非常炎热,即便是训练有素的专业运动员也可能因热衰竭和中暑而丧命。因此,我们得克萨斯州立大学团队的天文学计算结果对公元前 490 年跑步者的死亡做出了解释,并使人类历史上第一次马拉松的故事更加合理可信。

到了今天,每当 8 月的天空中出现一轮满月的时候,我们便会联想到 2500 年前的另一次满月是如何影响雅典、斯巴达和波斯军队的行动的,而这一月相也能帮助我们计算出马拉松之战的发生日期。

月亮、潮汐和凯撒大帝对英国的入侵

公元前 55 年,尤里乌斯·凯撒指挥的入侵船队从法国高卢驶向英国海岸。此后的历史学家一直在争论凯撒大军具体的入侵日期和登陆地点。我们应该如何借助秋分这一时间、潮流的方向和月相计算出尤里乌斯·凯撒入侵英国的日期? 我们又应该如何借助潮流的方向来解决有关凯撒大帝在何处登陆的问题呢?

几乎每位历史学家都认为,凯撒大帝的船队顺着潮流到达了多佛尔东北部附近的一片海滩,并在那里登陆。然而,研究这个问题的每位现代天文学家和水文学家却得出了完全相反的结论。考虑到太阳和月亮的位置对潮汐的影响,他们一致认为潮流必定会将罗马人带到多佛尔西南部。

我们可以如何通过天文学分析和潮汐分析来解决这一问题呢? 罗马的船队到底顺着潮流漂到了多佛尔东北部还是西南部呢?

几乎所有历史书都认为,凯撒大帝顺着潮流于公元前 55 年

8月26日或8月27日抵达多佛尔东北部。我们又能如何确定
这一说法是错误的呢?

尤里乌斯·凯撒究竟在英国何处登陆?罗马船队究竟又是
在哪一天靠近英国沿海的呢?

尤里乌斯·凯撒入侵英国

尤里乌斯·凯撒在他的回忆录《高卢战记》中描述了罗马人
对英国的入侵。他以第三人称视角写的各个事件包含了一些与
天文学及地理学相关的细节:

> 夏天进入了尾声……凯撒大帝在白天的第四小时(上午的中
> 间时段)坐着第一批战船来到了英国。 在那里,他看见敌军全副
> 武装地在悬崖各处排列开来。 此地的特点就是这样,高地极其陡
> 峭,濒临大海,以至于长矛可以从高处掷到岸边。 鉴于此处绝非
> 登陆的合适地点,他停锚等待,直到剩余的战船在白天的第9小
> 时(下午的中间时段)赶来此处会合。

罗马白天的12小时从日出开始算起,直至日落结束。罗
马的第1小时开始于日出时刻,第4小时处于上午的中间时
段,第9小时对应下午的中间时段,而日落时刻则标志着12
小时的终止。因此,凯撒大帝的话表明,罗马船队(见图3.5)
最初在上午中间时段靠近海岸,接着在悬崖边一直等到下午
的中间时段。

图 3.5　公元前 55 年 8 月,尤里乌斯·凯撒指挥罗马船队靠近多佛尔附近的英国海岸。凯撒一直等到了下午的中间时段,剩余的战船才赶来悬崖附近与之会合。接着,他们顺着风和潮流驶向附近一片开阔海滩上一个更为合适的登陆点。这幅插图选自《农夫皮尔斯的历史》

　　凯撒大帝的《高卢战记》接着提到,下午的潮流将船队带向附近的一处登陆海滩——那里既顺风又顺水。于是他发出信号,船队就此起锚。他们前进了大约 8 英里(约 12.9 千米),然后把船停在一片开阔平坦的海岸边。

　　罗马历史学家戴奥·卡西乌斯(Dio Cassius)为今天试图确定凯撒大帝具体登陆地点的学者们提供了一条线索。他描述了凯撒大帝在罗马船队顺着潮流航行时遇到的一个海岬：
"凯撒大帝并未在预期地点登陆，因为英国人已提前得知他会坐
船前来，便占领了面朝欧洲大陆的海岸上所有常用的登陆地点。
于是，凯撒大帝绕过一个突出的海岬，来到另一边，在该处的浅
滩下船，大败敌军。"罗马人和英国人在岸边的战役（见图 3.6 和
图 3.7）应该发生在下午晚些时候，就在日落前不久。

图 3.6 罗马船队靠近登陆海滩，英国人准备迎战。这幅石版
画选自《英国历史图集》（*Pictures of English History*）

图 3.7　左上方的尤里乌斯·凯撒站在船头,激励着岸边与英军交战的罗马士兵。插图选自《贸易的历史》(*History of Deal*)一书,背景展现的是多佛尔的白崖

满月前后的风暴

凯撒大帝也提到,一些船只在离开高卢时耽搁了几天。他在这段话中提到了满月,这一点非常有趣。他写道:

我们到达英国后的第 4 天，18 艘运送骑兵的战船起锚了。当他们接近英国时……突然刮起了风暴……那天晚上碰巧是满月之夜，海浪极大……人们发现，潮水灌入凯撒大帝运送军队的战船，而这些战船是停在陆地上的。

凯撒还提到他带领军队在英国打了几周的仗之后回到高卢的时间："秋分即将来临……迎来了一阵好天气，战船在午夜后不久便起锚，安全返回了大陆。"

公元前 55 年 9 月 25 日，秋分来临。上一个满月出现在 8 月 31 日凌晨。因此，破坏战船的风暴显然开始于 8 月 30 日，凯撒大帝称这一天为"我们抵达后的第四天"。稍做减法，我们便能得出他在 8 月 26 日登陆的结论。或者，如果使用包含列举法，凯撒大帝说的四天便是 8 月 27 日、8 月 28 日、8 月 29 日和 8 月 30 日。这样一来，罗马人登陆的日期似乎不是 8 月 26 日，就是 8 月 27 日。

哈雷对时间和地点的计算

天文学家爱德蒙·哈雷（Edmond Halley）是用天文学和潮汐确定凯撒大帝登陆的时间和地点的第一人，他最广为人知的成就就是测定了哈雷彗星的轨道数据。他将关于凯撒的分析发表在了《伦敦皇家学会哲学学报》（*Philosophical Transactions of the Royal Society*）上：

他大约在一天的第 4 小时（即上午 9 点到 10 点之间）抵达英国沿海，发现敌军在悬崖边上排开，蓄势待发，等着将他击退……多佛尔的悬崖……正如前面所述，没有地方可以登陆……
他便表示要抛锚，一直等到第 9 小时，或者说等到下午 3 点到 4
点之间……然后顺着风和水航行了 8 英里，把船停在了一片开阔
平坦的岸边。 他在此处下船……他在 8 月 26 日下午登陆了英
国，与秋分大概隔了一个月……

哈雷通过月相来预测罗马人入侵英国时的潮汐时间和潮流
的方向：

满月之夜前的四天……那天下午 3 点，潮水的流向和他的航
行方向相同……2 点左右水位很低，到了 3 点水就涨满了。 显
然，凯撒顺着水航行，而向北流去的潮水表明，凯撒用作登陆点
的开阔平坦海岸位于悬崖的北面。

在戴奥·卡西乌斯的描述中，哈雷发现了有关南福尔兰角
(South Foreland)这一著名地点的描述，南福尔兰角是多佛尔东
北部海岸上的一个明显地点："他绕过一个海岬，来到了登陆的
地点……这个海岬……必定就是南福尔兰角。"

哈雷最终确定，凯撒的登陆地点位于多佛尔东北部城镇沃
尔默(Walmer)和迪尔(Deal)附近的一处开阔海滩(见图 3.8)。

图 3.8　这张航拍照片拍摄的是东北方向,我们能从中看到多佛尔、多佛尔的码头和相邻的白崖。根据大多数历史学家的说法,下午的潮流将罗马舰队带到了南福尔兰角附近,这个海岬位于画面的右侧边缘。凯撒的军队在沃尔默和迪尔附近狭长开阔的海滩上登陆,海滩位于这张照片的上边缘附近

艾里发现了哈雷的错误

哈雷错误地认为朝着东北方向奔涌的潮流与低水位是同时发生的。然而,现代的潮汐观测结果显示,英吉利海峡流向东北的潮流大约在低水位出现的 3 小时 15 分钟之后才开始在多佛

尔附近流动。天文学家和潮流专家乔治·艾里(George Airy)注意到了哈雷的错误,于是开始重新讨论这一问题,并得出了潮流必定会将凯撒带到多佛尔西南部的结论。"因此,假设登陆的那一天是满月之夜前的四天……从多佛尔出发的潮流将在中午至下午6点半之间向西流动……潮流的方向绝对与从多佛尔到迪尔的方向相反。"

艾里确信自己的计算正确,并认为下午的潮流不可能将凯撒带到迪尔:"3点的时候顺着一股汹涌的水流向西进发。凯撒首先企图在多佛尔登陆,然后在沃尔默或迪尔登陆(就像许多研究所说的那样),但这似乎是绝无可能的……没有任何理由认为,海岸线自凯撒时代以来发生了非常明显的变化,或者潮汐现象发生了明显的改变。"

是不是迪尔?

不过,历史学家认为,古时的作家描述的无疑是多佛尔的东北海岸,尤其是独特的南福尔兰角正北部狭长开阔的海滩。这一地形给爱德华·卡德维尔(Edward Cardwell)留下了深刻的印象,卡德维尔"自己能够考察"潮汐的问题,并推断:"公元前55年8月27日……潮流在下午3点转变了方向,沿着英吉利海峡……向东流动……根据这一证据,我们更倾向于认为尤里乌斯·凯撒在迪尔海岸登陆。"

为了解决日益激烈的争议,英国海洋军事部派出了一位调查员来观察多佛尔附近英吉利海峡的浪潮。海洋军事部的水文测量员乔治·理查德(George Richards)同意艾里的结论:"公

元前 55 年 8 月 27 日下午 3 点,潮流向西奔涌,直至下午 6 时 30
分皆是如此。"

很简单,我亲爱的福尔摩斯

然而,研究古希腊历史的学者托马斯·福尔摩斯(Thomas
Holmes)不认同英国海洋军事部的这一结论,并认为自己也有
对潮汐进行研究的能力。在搜集了航海历、潮汐表和海峡领航
员的出版物之后,他得出了这样的结论:

> 如果他在 8 月 26 日登陆……潮水不太可能在第 9 小时转为向
> 东流……在多佛尔这个纬度上,8 月 26 日的第 9 小时从下午 2 时
> 20 分起,至下午 3 时 30 分结束……我们只能得出一个结论,而且
> 这个结论绝对可靠:凯撒从肯特(Kentish)的悬崖起锚,开始向东
> 北进发……他登陆的地点……位于沃尔默和迪尔之间……问题迎
> 刃而解。

顶尖潮流专家、《英国海洋军事部潮流手册》(*Admiralty
Manual of Tides*)合著者哈罗德·瓦尔堡(Harold Warburg)对
不愿接受科学发现的历史学家感到非常恼火。据他所说,历史
学家的结论需要"潮水以最大的流速从多佛尔向东北流动,而此
时的潮水理应向西南流动……下午 3 时 30 分左右下令起航,舰
队顺着风和水向东进发……没有这种概率或可能性"。

最近,研究古英国历史的杰出考古学家查尔斯·霍克斯
(Charles Hawkes)重新考察了这个问题。尽管知道科学家们
的主张,霍克斯总结说,他可以忽略这些科学家在潮汐方面的

专业知识,并且他支持之前历史学家的观点:"8 月 27 日……
凯撒……在下午 3 点左右遇到了合适的潮水……然后向迪尔
进发。到了 6 点,他在沃尔默附近的海滩之外,找到了可以登陆
的地方。"

　　由此便出现了这样一种明显的情况。几乎所有考古学家和
历史学家都坚称,凯撒在公元前 55 年 8 月 26 日或 8 月 27 日的
下午晚些时候在多佛尔东北部登陆。但水文测量员和天文学家
则同样肯定,当天下午的潮流必定将凯撒的舰队带到了西南部。
这一矛盾该如何解决呢?

前往多佛尔实地考察

　　我们得克萨斯州立大学团队一直以来都对两栖登陆存在着
浓厚的兴趣。关于凯撒的问题,我们意识到,我们能在 2007 年
的某些日期观测到与公元前 55 年几乎一样的潮流条件,这为我
们提供了一个非常难得的机会。2007 年 8 月的满月出现在秋
分的 3.5 周之前,这与公元前 55 年的情况一模一样。而且这个
月的地月距离也几乎和公元前 55 年 8 月的一样。我们因此可
以体验与凯撒登陆当月几乎一样的潮汐时刻及潮汐强度。

　　因此,我们安排了为期一周的肯特之旅。我们在多佛尔和
迪尔两地的码头用自动潮汐高程测量仪记录数据,并检查了固
定在码头上的木质验潮杆的水位。为了确定潮流的方向,我们
从码头一端观察了漂浮物在英吉利海峡中的运动,并安排了白
崖游船团的包船服务(见图 3.9),以便在船自由漂移的过程中
使用 GPS。我们将观察和计算结果中的日期和时间调整为公

元前 55 年的对应日期和时间。结果非常清晰、明确,与过去潮汐专家的结论完全一致。

图 3.9　英吉利海峡位于多佛尔和南福尔兰角之间,得克萨斯
州立大学的学生凯莉·贝克(Kellie Beicker)在一艘自由漂流的船上
使用 GPS 来确定潮流的方向

公元前 55 年的 8 月 26 日或 8 月 27 日,向西南奔涌的最大潮流出现在正午,也就是罗马的第 9 小时。凯撒告诉我们,罗马舰队就在此时开始顺着浪潮向前进发。这一说法几乎出现在每一本历史书中——公元前 55 年 8 月 26 日或 8 月 27 日,凯撒顺着潮流向东北漂去,来到了迪尔附近的一处开阔海滩——但这绝对不可能是正确的。

不过,我们也意识到了历史学家的观点存在可取之处,因为只有多佛尔东北部的海岸才与地形证据相符合(见图 3.10)。我们无法在多佛尔西南部的相应距离处找到匹配的海岬和海滩。为解决这一问题,我们在图书馆中搜索资料,从而发现了另一条有趣的古代潮汐资料。

图 3.10　沃尔默及迪尔附近有一片开阔海滩,圣玛格丽特海湾(St. Margaret's Bay)的白崖就耸立在多佛尔的海岸线上。根据本章所述的理论,尤里乌斯 · 凯撒在公元前 55 年 8 月坐船经过了这一地点

退潮

公元 1 世纪,罗马作家瓦列里乌斯 · 马克西姆斯(Valerius Maximus)收集了不少历史故事,其中提到的古代资料有不少在今天已经散佚了。其中有一个故事描述了英国海岸边的一场战斗,一位罗马士兵在潮水退去时表现得无比勇敢:

凯撒发动了战争，将他那双神圣之手伸往英国。 斯卡瓦，你和另外四名士兵坐着船来到了英国海边的岩石旁。 这块岩石已被一众敌人占领。 潮水退去，岩石旁出现了易于跨越的浅滩。大量的敌人从对面涌过来，其他罗马士兵坐船来到岸边，你却独自坚守你的位置……敌人急切地从四面八方赶来攻击你。

无论是历史学家还是潮汐专家有关凯撒登陆位置的观点，都和瓦列里乌斯·马克西姆斯的表述存在严重的冲突。我们在多佛尔的测量结果证明，公元前 55 年 8 月 26 日和 8 月 27 日，下午晚些时候的水位是不断上涨的——这和马克西姆斯对于岸边战斗发生时正在退潮的描述互相矛盾。涨潮的结论几乎适用于肯特沿岸所有的港口和海滩，多佛尔东北部和西南部皆是如此。但是无论如何，凯撒肯定得在某个地方登陆！

我们对于凯撒入侵英国的解答

我们发现解决这一问题的线索就在于历史学家罗宾·科灵伍德(Robin Collingwood)有关凯撒登陆日和满月前风暴日之间相隔天数的评论："我怀疑数字'四'是错误的……如果间隔大于一星期，那么在他起锚时，潮流将向东北奔涌而去。"

还有几位学者更明确地指出记载凯撒高卢战争的古代手抄本中可能存在错误的数字问题，"数字如果是用符号来表示的，那么手抄本很有可能存在错误"，"能够迅速誊写手抄本的誊写员常常会在誊写数字时犯错"。

可以确定的是，在有关凯撒的材料中，部分数字出现了誊写错误。例如，在哈雷及其同时期有关凯撒的记载中，多佛尔到登陆海滩的航行距离为 8 英里。但是所有基于早期手抄本的现代文献给出的距离都是 7 英里(约 11.3 千米)。显然,誊写员在某些时候写下了数字 8(VIII)而非数字 7(VII)。

关于凯撒的登陆日和风暴日之间的时间间隔,如果誊写员出现了誊写错误,时间间隔不是 4(IIII)天,实际上应该是 7(VII)天或者 8(VIII)天,那么凯撒的登陆时间就应该是公元前 55 年 8 月 22 日或 8 月 23 日。这一假设能够很好地解决问题,且能和一切地形线索、天文线索及潮汐线索相吻合。

公元前 55 年 8 月 22 日、8 月 23 日下午晚些时候,潮流开始向东北方向奔涌而去,并在下午 3 点左右(罗马的第 9 小时)加速向前,一直持续到日落以后。这解释了为何凯撒会绕过南福尔兰角,在迪尔附近的海滩登陆。在这两天里,高水位出现在下午 3 点左右,接着便开始下降。下降的速度最初较为缓慢,在下午晚些时候则变得较快,与马克西姆斯的表述中退潮的情况完全一致。

因此,有关太阳、月亮和潮汐的科学证据表明,公元前 55 年 8 月 22 日或 8 月 23 日——传统观点所认为的四天以前——才是尤里乌斯·凯撒麾下的罗马士兵抵达英国并发动历史上著名军事行动的真正开端。

月下的幸运和保罗·瑞威尔的午夜狂飙

1775 年的 4 月 18—19 日的夜晚,保罗·瑞威尔坐着一艘船横渡波士顿港。月亮冉冉升起,他的船从英国战舰萨默塞特号东边驶过。接着,他在查尔斯镇上马,开始了他那著名的

"午夜狂飙",直到乡村才停下。那一晚的月相如何？当时,英国哨兵接到命令,必须阻止任何试图离开波士顿的人,那么保罗·瑞威尔为何没有被萨默塞特号上的英国哨兵发现呢？为什么他们很难注意到月色中瑞威尔所乘之船的黑色轮廓呢？我们应当对月球位置做出何种天文分析,并以此来解释长期以来与保罗·瑞威尔午夜狂飙有关的谜团？

午夜狂飙的传说

在《路边客栈的故事》(*Tales of a Wayside Inn*)中,亨利·朗费罗(Henry Longfellow)用这样几行激动人心的诗句开启了叙述:

听着,我的孩子,你应该听过

保罗·瑞威尔午夜狂飙的传说,

故事发生在 1775 年 4 月 18 号。

记住这一年和这一天的人

在这个世上已经不多。

这首诗提到的故事发生于 1775 年春天。当时,英国驻波士顿指挥官托马斯·盖奇(Thomas Gage)上将收到信息,殖民地居民在波士顿以西约 18 英里(约 29.0 千米)的小镇康考德(Concord)藏匿了大量枪支弹药。4 月 18 日夜晚,盖奇派遣一支队伍前往康考德镇收缴武器。于是,士兵们从波士顿坐船,渡过查尔斯河,来到了剑桥市。

预料到英国军队会来收缴武器,殖民地居民觉得英国人可能会选择走陆路来康考德镇。不过,盖奇选择了水路。于是,旧北教堂(Old North Church)的钟楼上挂起了两盏灯,传递着著名暗号——"一盏代表陆路,两盏代表水路"。保罗·瑞威尔在深夜10点至11点间坐船横跨波士顿港,从波士顿来到了查尔斯镇。接着,他开始了前往列克星敦镇(Lexington)和康考德镇的午夜狂飙(见图3.11和图3.12),并打算跑遍"每个米德尔塞克斯县(Middlesex County)的村庄和农场",提醒人们英国人要来了。

朗费罗的诗多次提到了保罗·瑞威尔午夜狂飙时的天文现象。例如,他曾五次提到了月亮:

静静划船来到查尔斯河岸边,

恰逢月亮升到港湾上空……

英国战舰萨默塞特号

是一艘幽灵战船,上面的每根桅杆

都像监狱的栏杆穿破月亮……

他停下来,细细听,向下瞧,

此刻镇上的每间房屋

屋顶上都洒满了流动的月光……

乡村道上急促的马蹄声,

月光下的身影,黑暗中巨大的轮廓……

他看到了镀金的风向标

沐浴在月光中,同他一样

图 3.11　在这幅来自于 20 世纪初的日历插图中,一轮接近满月的月亮
照亮了保罗·瑞威尔午夜狂飙的道路

　　但是,这些对天文现象的描述准确吗? 还是说,朗费罗仅仅
为了诗意才提到了月亮? 鉴于诗句中存在其他著名的史实错
误,我们提出这样的疑问也是合情合理的。例如,瑞威尔是要发
出两盏灯的暗号,而非诗中所描述的“接收这一暗号”。又例如,

朗费罗写瑞威尔来到了康考德镇,但事实上,在刚刚经过列克星敦镇时,英国士兵阻止了瑞威尔和他的朋友威廉·道斯(William Dawes),最后抵达康考德镇的是第三位骑手塞缪尔·普雷斯科特(Samuel Prescott)。

　　在瑞威尔渡河时,月亮是否正在升起? 在午夜狂飙的过程中,一直都有明亮的月光吗?

图 3.12 《保罗·瑞威尔的午夜狂飙》,格兰特·伍德,1931 年,菲格艺术博物馆。艺术家格兰特·伍德以其代表性油画《美国哥特式》广为人知。在这幅画中,他精湛地描绘了保罗·瑞威尔午夜狂飙时的皎洁月光,但画面中并未出现月亮

1775 年的月相计算结果

我们得克萨斯州立大学团队通过计算机程序得到了以下月相：1775 年 4 月 15 日的月相为满月，1775 年 4 月 22 日的月相为下弦月。

计算结果显示，朗费罗对月相的描述是正确的。1775 年 4 月 18—19 日，满月刚过不久，月亮升到波士顿上空时，亮度达到了 87％。地方视太阳时 4 月 18 日晚上 9 时 53 分，月亮开始爬上天空。波士顿当时采用地方视太阳时这一计时系统，时间和日晷上显示的时间一样。美国在 1883 年之后才开始采用现代的计时方式。

我们找到了 1775 年在波士顿出版的四份不同年历，分别由纳撒尼尔·洛(Nathaniel Low)、艾萨克·毕克尔斯塔福(Isaac Bickerstaff)、以赛亚·托马斯(Isaiah Thomas)和纳撒尼尔·埃姆斯(Nathaniel Ames)编写。对于 4 月 18 日月出的时间，这些年历显示的时间分别为晚上 9 时 45 分(洛、埃姆斯)、晚上 9 时 46 分(托马斯)和晚上 9 时 53 分(毕克尔斯塔福)。

计算机的计算结果和当地年历皆表明，保罗·瑞威尔在深夜 10 点至 11 点之间横渡波士顿港时，一轮明月冉冉升上了天空。

瑞威尔的回忆

保罗·瑞威尔留下了不少关于午夜狂飙那个著名夜晚的第

一人称描述。其中两段描述被记录在瑞威尔的家族档案中,里面都提到了月亮散发出何等明亮的光芒。第三段描述摘自一封瑞威尔写给马萨诸塞州历史学会的杰里米·贝尔纳普(Jeremy Belknap)的信件,里面有这样几句话:

> ……来到镇北,此地是我泊船之处。两位朋友渡我过了查尔斯河,我们的船就位于萨默塞特号战舰的东边。接着潮水开始上涨,战舰不停打转,月亮冉冉上升。他们让我在查尔斯镇一侧上了岸……我骑着一匹骏马出发,此时已近11点……

两个世纪以来,历史学家都不太明白为何保罗·瑞威尔能够躲过萨默塞特号的侦察,特别是当瑞威尔坐着船横渡波士顿港时月亮正在升起。瑞威尔提到,他经过萨默塞特号时就在它的东边,而且认为当时月亮从东边升起似乎是合理的。有历史学家认为"警戒哨兵会看到升起的月亮下方的船"。那么,英国哨兵到底为什么没看到瑞威尔的船在月光下的轮廓,或者在水面上闪烁的月光映衬的船的轮廓呢?

月下的幸运

通过天文学分析,我们能够了解当天晚上月亮升起时在地平线上的位置,从而解开这个谜团。

天文学家假想天空中有一条名为天赤道的虚线,它将天空划分为南北两部分。因此天赤道就类似于地球的赤道,后者将我们的地球划分为北半球和南半球。在每个太阴月中,月亮会两度经过其轨道与天赤道的交点,在这两个夜晚,月亮会从正东

方升起。如果这样的夜晚出现在 4 月 18 日,那么萨默塞特号上
的英国哨兵几乎肯定会在瑞威尔从萨默塞特号东边划船经过时
发现他。如此一来,他永远不可能在查尔斯上马,午夜狂飙也就
无从谈起了。

　　月球每月都会出现在其轨道北侧距离天赤道最远的地方
(北极点),一个月一次,每次持续数日,然后上升至东北方向。
同样,月球每月都会出现在其轨道南侧距离天赤道最远的地
方(南极点),一个月一次,每次持续数日,然后上升至东南
方向。

　　计算机的计算结果显示,1775 年 4 月 18 日,月球恰好出
现在其轨道的南极点上。如果瑞威尔在月出后 45 分钟左右
横渡波士顿港,月亮会低低地挂在天际,与东南部地平线的夹
角仅有 6°。从萨默塞特号上哨兵的视角来看,月亮是从波士
顿背后升起的,而非从东方开阔的海湾升起。瑞威尔的船经
过萨默塞特号时就在它的东边(见图 3.13),而东边并没有出
现月光的倒影,于是英国哨兵便无法看到水面上船的轮廓。
月亮从东南方升起,为保罗·瑞威尔提供了一片绝佳的"月下
的幸运"之地,这也解释了为什么他能够在查尔斯镇的岸边成
功上马。

图 3.13 画家克里斯托弗·宾(Christopher Bing)所描绘的瑞威尔横渡波士顿港。1775 年 4 月 18 日月出后不久,保罗·瑞威尔乘船横渡波士顿港,经过了英国皇家海军舰艇萨默塞特号。然而,战舰上的哨兵并未在波光粼粼的水面上发现瑞威尔所乘之船的轮廓,这是因为当晚的月亮出现在东偏南方向,且向南偏斜很多。这幅画准确描绘了月亮升起的位置,它低垂在波士顿城的天际,而瑞威尔的船在黑暗中悄悄地从萨默塞特号东侧驶过

波士顿港的潮水

瑞威尔在 1798 年的信中提到,他横渡波士顿港时"潮水开始上涨",这意味着波士顿港的水位刚刚开始上升。瑞威尔还观察到,"战舰不停地打转"。有一幅彩图也显示,潮流和旋涡导致萨默塞特号在它停泊的地方原地打转。朗费罗的诗同样包含

"上升潮水"上士兵的渡船"就像一座由船搭成的桥"这样的描述。如表 3.3 所示,我们可以通过现代计算机的潮汐程序来检验这些说法。

瑞威尔的信和朗费罗的诗是正确的。瑞威尔在深夜 10 点至 11 点坐船经过萨默塞特号时确实经历了涨潮。

表 3.3　波士顿港的潮汐计算结果

日期	地方视太阳时	潮水
1775 年 4 月 18 日	下午 1 时 14 分	高水位
1775 年 4 月 18 日	晚上 7 时 19 分	低水位
1775 年 4 月 19 日	凌晨 1 时 26 分	高水位

解开保罗·瑞威尔之谜

1775 年 4 月 18 日,快到深夜 10 点时,一轮明月升上天空,月相接近满月。在保罗·瑞威尔午夜狂飙的整个过程中,这轮月亮都挂在天空上(见图 3.14)。通过对月出方向进行计算,我们了解到,为何萨默塞特号上的英国哨兵没有在瑞威尔坐船从战舰东侧横渡波士顿港时将其拦下。如果当晚的月亮从正东方向升起,那么英国守卫很容易就能从波光粼粼的水面上看到瑞威尔船的黑色轮廓。但是,当晚的月亮靠近其轨道的南极点,从东偏南方向缓缓升起,偏斜得有些异常。这使瑞威尔躲过一劫,成功跨上了马,并能够完成他那著名的午夜狂飙。

图 3.14　这是一张在 1910 年左右发行的明信片,画
面显示保罗·瑞威尔午夜狂飙时的月相近乎满月

泰坦尼克号的沉没是由月亮引起的吗?

1912 年 4 月 12 日,在泰坦尼克号的处女航中,它从英
国南安普敦起航,中途到法国瑟堡和爱尔兰昆士敦(如今名
为科夫)接客,然后向西横跨北大西洋。不幸的是,泰坦尼克
号未能迎来纽约的曙光。4 月 14 日深夜 11 时 40 分,泰坦
尼克号撞上了冰山,到了 4 月 15 日凌晨 2 时 20 分,这艘巨
大的客轮彻底沉没(见图 3.15)。虽然救援人员从救生艇上
救回了约 700 人,但 1500 名乘客和船员却在冰冷的海水中
失去了生命。

　　图 3.15　英国海事艺术家西蒙·费舍尔（Simon Fisher）描绘了 1912 年 4 月 14 日晚上的这一场景：瞭望员弗雷德里克·弗利特（Frederick Fleet）在瞭望台上用电话向泰坦尼克号的驾驶台发出警告："前方有冰山！"

　　1912 年 1 月 4 日出现了被称为"极端月球近地点"的天文现象，这意味着月球处在 1400 多年来最接近地球中心的位置。这一罕见的月球现象和三个月后泰坦尼克号的沉没之间可能存在怎样的联系？月亮对 1 月海洋潮汐的影响能否解释为何 1912 年春季有如此多的冰山向南漂流到航道上？

星光灿烂的无月之夜

在泰坦尼克号撞击冰山的那个夜晚,天空中没有月亮,只见群星璀璨:"夜幕降临,不见月亮,冷风刺骨……晚上,瞭望员通常会留意拍打着冰山的浪花,白色的浪花能让冰山更容易被发现。但是在那一夜,海面几乎没有波澜,附近可能存在的冰山周围没有出现什么浪花。而且晚上还没有月亮。月光……可能会使泡沫甚至冰山本身更容易被看到。"

当泰坦尼克号的二副查尔斯·莱托勒(Charles Lightoller)被要求解释当晚的情况时,他回答:"首先,当时没有月亮。"

在泰坦尼克号沉没前,一些乘客和船员震惊地看着冰山与客轮的右舷刮擦(见图 3.16、图 3.17 和图 3.18)。

在泰坦尼克号沉没后,乘客劳伦斯·比斯利(Lawrence Beesley)在 13 号救生艇上环顾四周,晴朗的天空和星星的光辉给他留下了深刻的印象:

首先,气象条件非同寻常。 那个夜晚是我见过最美的夜晚,无云的天空,星星密密麻麻地聚在一起,十分璀璨。 黑色天空中的光点比天空这一背景本身更令人着迷。 在迷人的天空中,每颗星星都不受薄雾的影响,亮度提升了 10 倍,一闪一闪地散发着光芒,天空看起来只不过是展现这一奇观的背景……天空与海的交界线像刀锋一样清晰……有一颗星星低低地挂在交界处附近的天空中,但它的星辉未减分毫。

图 3.16 在泰坦尼克号沉没之后的数十年里,流行的理论认为,冰山在泰坦尼克号的右舷上撕开了一道约 300 英尺(约 91.4 米)的大裂缝,正如上图所示。这张插图经常出现在 1912 年的各类报刊上。然而最近的理论则表示,不存在这样的裂缝,泰坦尼克号沉没的原因是冰山使构成船体的钢板变形,铆钉被撞得松动并断开,而且钢板之间出现了相对较小的缝隙

4 月 15 日日出前不久,比斯利看到一艘客船正在靠近,他意识到救援人员来了。当他搭乘的救生艇驶向卡帕西亚号(Carpathia)时,东方的天空渐渐变得明亮起来(见图 3.19):

然后,像是为了让一切都变得完整,为了让我们幸福,黎明来了。首先,东方洒下一道美丽静谧的微光,接着,天边露出一束金色的柔光……然后,星星就慢慢消失了,只留下了地平线上

图 3.17 泰坦尼克号无法停止前进或转向，最后在深夜 11 时 40 分与冰山相撞。海事艺术家理查德·德罗斯特（Richard DeRosset）画出了泰坦尼克号船尾后的逆流，这是因为船员在试图避免碰撞的过程中逆转了螺旋桨。此处呈现的冰山遵循了一等水兵约瑟夫·斯卡洛特（Joseph Scarrott）的草图及详细描述

的一颗星星——在其他星星消失后，这颗星星久久没有消失。 附近是一轮弯弯的暗淡的月亮，月牙朝向北方，下端刚刚触到了地平线。

这颗仅存的星星其实是金星。这颗明亮的行星在日出前 41 分钟升起，与弯弯的月牙仅仅相距 4°的距离。

图 3.18　在碰撞过程中，冰山上的大量冰堆积在了泰坦尼克号的井型甲板上。1912 年的这幅插图描绘了冰山从邮轮右舷掠过的场景，主要依据的是一等水兵约瑟夫·斯卡洛特的叙述，他从井型甲板上观察到了这一场景

图 3.19　在 1912 年 4 月 15 日日出之时, 救生艇上的泰坦尼克号幸存者看到他们周围是一片冰原, 冰山高出水平面 150～200 英尺 (45.7～61.0 米)。这张图名为《悲怆之夜后的黎明》(*L'Aurore qui suivit la nuit tragique*), 刊登于 1912 年的法国期刊《画报》(*L'Illustration*) 上

1912 年罕见的月球现象

具有异常潮差的海洋潮汐可能是冰山出现在泰坦尼克号航线上的一大原因。潮差较大的近地点潮每月都会在月球靠近近地点时出现, 此时, 月球在其轨道上最接近地球的位置, 而月球的引潮力则达到了最大值。如果月球在位于近地点的同时呈现新月或者满月的月相, 则会出现浩浩荡荡的近地点大潮。

当近地点大潮恰逢地球位于近日点附近时, 更加异乎寻常的现象就出现了。此时, 地球距离太阳最近, 且太阳的引潮力最大。表 3.4 显示,这样罕见的天文现象出现于 1912 年地球绕日公转到近日点附近时。

表 3.4　1912 年 1 月增加的引潮力

1912 年 1 月 3 日	地球位于近日点 (地球离太阳最近)	太阳的引潮力达到最大
1912 年 1 月 4 日	满月 (日、地、月连成一线)	日月的引潮力互相配合,形成了更大的净效应
1912 年 1 月 4 日	月球位于近地点 (月球离地球最近)	月球的引潮力达到最大

此时,日、地、月连成一线,月球与地球离得异常近。1912 年 1 月 4 日,月球中心仅与地球中心相隔 35.6375 万千米。

海洋学家弗格斯·伍德(Fergus Wood)显然是第一位提醒人们注意这一日期的作者。与此同时,《天空与望远镜》杂志的罗杰·辛诺特也提醒比利时天文爱好者琼·米斯(Jean Meeus)注意这一罕见的天体现象,而且米斯仔细地计算了几个世纪以来地球与月球的距离。为了找到比 1912 年更短的从月球到地球的距离,米斯表示我们必须回到 796 年(35.6366 万千米)或前进到 2257 年(35.6371 万千米)。

因此,1912 年 1 月 4 日是 1400 多年来月球和地球的距离缩至最短的日子。

冰山崩解现象加剧?

随着洋流漂到北大西洋航道上的冰川来自于格陵兰岛西侧。当冰川漂到格陵兰岛海岸时,冰川末端会崩裂,随后变成冰山漂走,这一过程被称为"崩解"。此外,格陵兰岛北部沿岸的冰川——比如洪堡冰川(Humboldt Glacier)、雅各布港冰川(Jakobshavn Glacier)也产生了大量冰山。

为解释 1912 年春季常有大量冰山漂到航道上的现象,《纽约时报》采访了水文局的科学家,并根据采访内容在 1912 年 5 月 5 日的报纸上发表了一篇文章。这些科学家认为,上述现象与 1911 年北极的天气条件密不可分:

在格陵兰岛西部冰川产生大量冰山的过程中……由于去年北极的夏天异常热,紧接着冬天又异常暖和,于是现在能在北大西洋看到冰山……这样温暖的天气导致更多的冰川融化,或许也加速了冰川运动,并产生了更多的冰山。 同时,冰山的拥塞和冰原上冰的崩解,一直将持续好几个季节。 因此,南下的潮流比往年更大。 冬天也会有更多的冰山从拉布拉多半岛漂走,这些冰山在春季崩解,向南漂到航道上,数量为近几年来之最。

或许另一种气象理论也值得一提,这一理论试图用一种完全相反的方式解释 1912 年出现的大量冰山。这一理论推测,1911—1912 年的严冬使得更多冰山进入航道,乍听之下似乎很有道理。不过,《纽约时报》反驳这一观点时特别提到,"去年北极的夏天异常热,紧接着冬天又异常暖和"。而且,这篇文章的标题是《北极暖冬导致大量冰山产生》。

弗格斯·伍德首先提出了 1912 年极端月球近地点大潮也可能是撞击泰坦尼克号的冰山的一大成因。伍德表示,"大潮期间,冰山崩解的速度显著增加",他还特别强调了是"1912 年 1 月 4 日的天文学巧合"导致了海洋潮汐的变化。他的结论是,"撞击泰坦尼克号的冰山可能在 1912 年 1 月 4 日左右崩解并漂入远海"。

不过,伍德自己也承认,这一观点存在一个问题。1 月初在迪斯科湾附近崩解的冰山必须以异常快的速度向前漂移,才有可能在 4 月 14 日出现在泰坦尼克号的航道上。伍德意识到,"冰山会受到许多损害,进而减缓或倾斜,甚至滞留或搁浅",这些因素可能会增加漂移时间。因此,他的假设不得不改为 1912 年 1 月冰川在格陵兰岛崩解产生的冰山"以极快的速度,沿着便捷的路径抵达最终的目的地",而且撞击泰坦尼克号的冰山可能出现了"漂移速度最快的情况"。

鲍迪奇(Bowditch)编写的著名的《美国实用航海家》(*American Practical Navigator*)就所需时间给出了一条基本准则:"如果冰山在冰川崩解后产生并立即向南漂移,且在 1200~1500 海里(222.4~2778.0 千米)的路程中没有遇到任何障碍,那么这一过程需要 4~5 个月的时间。"由于迪斯科湾距泰坦尼克号碰撞事故发生点约 1640 海里(约 3037.3 千米),一般而言,如果冰山从迪斯科湾直接向南移动,没有遇到任何延误,那么大概需要 5.5 个月左右才能到达泰坦尼克号碰撞事故发生点。这和 1912 年 1 月上旬—1912 年 4 月中旬的时间间隔不太相符。

伍德提出的冰山在产生后直接向南移动的说法还存在另一个根本性问题。一般来说,冰山会顺着盛行的西格陵兰洋流来到北边,然后沿着逆时针方向绕过巴芬湾,接着冰山会向南漂移,但此时已是数月之后了。正如鲍迪奇的指南解释的那样,"格陵兰岛西部沿岸产生了最多的冰山……这些冰山随着西格陵兰洋流向北漂移,继而向西,直至与南下的拉布拉多洋流相遇。第一年冬天,格陵兰岛西部的冰山通常会来到巴芬湾。到了第二年夏天,这些冰山会随着拉布拉多洋流向南漂移。很多时候,它们会在第二年冬天来到戴维斯海峡"。

类似地,《航行方向:北极区内的加拿大》(*Sailing Directions*:*Arctic Canada*)一书指出,冬天产生的冰山至少需要 2 年才能达到纽芬兰岛南部。

冰山之旅

如果来自格陵兰岛的冰川在 1910 年或 1911 年发生崩解,产生了撞击泰坦尼克号的冰山,那么 1912 年 1 月的海洋潮汐似乎就与泰坦尼克号的沉没并无关联(见图 3.20)。但是,我们可以对弗格斯·伍德的观点和方案稍作修改。上文已提到,1912年 1 月 4 日的极端月球近地点对撞击泰坦尼克号的冰山产生了至关重要的影响。部分搁浅的冰山会保持静止,不再移动,逐渐消失,但另一些冰山会重新漂浮起来,继续向南移动。冰山会"遇到拉布拉多洋流,开始一段向南的旅程"。正如鲍迪奇的指南所解释的那样:"许多冰山会在北极海盆搁浅,并在那里分裂;另一些冰山会抵达拉布拉多半岛海岸,从海岸的一端到另一端不断经历搁浅和漂浮……冰山之旅中会出现如此多的耽搁情况,而且,非常不规则和不稳定的情况是,在任何一个季节中看到的许多冰山可能在好几个季节之前就已经形成了。"

图 3.20　在冰山从北极漂到北大西洋航道的过程中,它们会漂到浅水区,并在拉布拉多半岛和纽芬兰岛沿岸搁浅。这张照片展现了在纽芬兰岛沿海村庄邓菲尔德(Dunfield)附近搁浅的冰山。潮流可能会冲刷冰山的底部,而大潮时的高水位则可以帮助冰山,尤其使搁浅的冰山再次漂浮起来

理查德·布朗(Richard Brown)同样在他 1983 年出版的《冰山之旅》(Voyage of the Iceberg)一书中描述了相同的情况(见图 3.21),从冰山这一独特的角度切入泰坦尼克号事故。虽然文字是虚构的,但布朗的描述力求保持科学上的准确性。在这本书中,撞击泰坦尼克号的冰山在 1910 年 9 月由雅各布港冰

川崩解而来,漂离迪斯科湾,接着顺着西格陵兰洋流沿着海岸向北漂移。

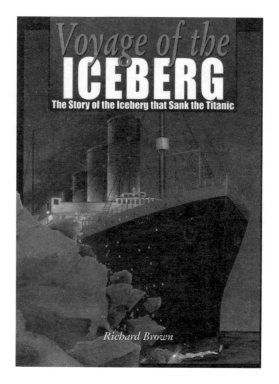

图 3.21　理查德·布朗在 1983 年出版的《冰山之旅》一书中,从冰山这一独特的角度切入泰坦尼克号事故

　　根据布朗的观点,冰山在 1910—1911 年冬天位于巴芬湾北端,继而在夏天向西漂移,然后在 1911 年 8 月开始向南移动。冰山会在 9 月漂过戴维斯海峡,接着在黑文角(Cape Haven)外侧的礁石上搁浅数周。潮流会不断冲刷底部,直至冰

山发生倾斜。随后冰山漂浮到更深的水域,继续向南移动。10月,冰山随着涡流来到海岸附近,并在那里再次停下,在哈里森角(Cape Harrison)的岸边搁浅数月。接着,潮流再次冲刷冰山底部,直至冰山在 1912 年 1 月倒塌。此后,冰山顺着拉布拉多洋流向南漂移。2 月,冰山在纽芬兰岛的浅滩上第三次搁浅,并在 3 月初重新浮出水面,在 1912 年 4 月 14 日漂到泰坦尼克号的航道上。

诚然,撞击泰坦尼克号的冰山的精确来源与路径已不可考,但布朗的说法,也就是冰山几经搁浅与漂浮,似乎较为可信。

月亮、潮汐和泰坦尼克号

一份加拿大的航海词汇表中有两个描述静止的冰的术语:"搁浅冰"(grounded ice),指暂时搁浅在浅水区域的浮冰;"滞留冰"(stranded ice),指漂浮后由于潮水退去而滞留在岸上的冰。

潮流可能会冲刷冰山的底部,而近地点大潮时的高水位则可以帮助搁浅甚至滞留在岸上的冰山,尤其是那些在正常高水位时滞留在岸上的冰山上升并再次漂浮起来。高水位过后,潮水退去,冰山可能会随着潮水从海岸附近的浅水区域回到深水区域中,顺着拉布拉多洋流向南漂移(见图 3.22)。

1911—1912 年,连续三个月中,每个月都有几天会出现异常强大的引潮力。1911 年 12 月 6 日,满月出现,不到一天后月球位于近地点。1912 年 1 月 4 日,满月和月球位于近地点的时间仅仅相差 6 秒。1912 年 2 月 2 日,满月出现,不到一天前月球位于近地点。在这三个月里,每个月的近地点大潮(特别是在

图 3.22　这张照片展现了纽芬兰岛特威林盖特港（Twillingate）附近五座搁浅的冰山。大潮期间的高水位可以帮助搁浅的冰山重新漂浮起来，加入南下的拉布拉多洋流

1912 年 1 月 4 日极端月球近地点前后出现的近地点大潮）都可能帮助冰山重新漂浮起来。

撞击泰坦尼克号的冰山很有可能也像这些冰山一样，在拉布拉多半岛和纽芬兰岛沿岸搁浅或滞留。1911—1912 年的大潮足以使冰山重新漂浮随着拉布拉多洋流继续向南移动，从而拥有充分的时间在 4 月中旬之前抵达泰坦尼克号航道，让瞭望员弗雷德里克·弗利特透过星光灿烂的夜色看到它，然后大声喊出"前方有冰山！"

❹
林肯与南北战争，以及美国的历书

　　亚伯拉罕·林肯的一生与天文事件之间存在着许多有趣且令人惊讶的联系。通过天文学分析，以及对大量有关林肯的图书的阅读，我们能够揭开其中两条联系的奥秘。

　　林肯曾在1858年一场有关深夜谋杀案的审判中担任被告辩护人。这是其律师生涯中经手的最著名的一起刑事案件。当时，一位关键控方证人称其在明月高悬之夜目击了这场谋杀，而林肯在法庭上戏剧性地呈上了一份年历，降低了这位证人的可信度。这场诉讼后来被称为"年历审判"。为什么林肯传记的作者会担心年历"存在错误"？为了确保他的客户获得无罪释放，林肯是否伪造了年历，修改了月相和月落时间？我们能否通过天文学分析，证明林肯如实使用了年历呢？

　　在林肯担任总统期间发生的最重要的事件当然是美国的南北战争。我们得克萨斯州立大学团队发现，1863年的一轮满月在战争进程中产生了重要影响。1863年5月2日（钱斯勒斯维尔战役期间）的月圆之夜，南方邦联军将领石墙杰克逊

(即托马斯·杰克逊)被"友军的炮火"击中,身负重伤。我们如何通过月相、月出时间、日落时间和月光的方向来了解当晚的具体情况呢? 为什么北卡罗来纳州 18 团在杰克逊将军靠近南方邦联阵线时没有认出他呢? 满月和钱斯勒斯维尔战役的致命一击又如何影响了两个月后的葛底斯堡战役呢?

林肯和年历审判:诚实的亚伯

林肯在 1860 年当选为美国第 16 任总统之前,曾在伊利诺伊州律师协会工作 20 余年。他经手的最著名的刑事案件是 1858 年的阿姆斯特朗谋杀案,这场诉讼后来被称为"年历审判"。一名控方证人声称在深夜 11 点,借着一轮高高挂在空中、近乎圆满的月亮的光芒,他看到了一场致命的打斗。作为辩护律师,林肯让证人多次重复有关明月的陈述。他还突然拿出一本年历,利用其中有关月相和月落时间的天文证据降低了证词的可信度,使他的委托人戏剧性地得以无罪释放。

律师林肯:历史和好莱坞

约翰·福特(John Ford)执导的 1939 年电影《青年林肯》(*Young Mr. Lincoln*)包含了年历审判的情节,这一情节有一定虚构成分,且不太准确(见图 4.1 和图 4.2)。在戏剧性的高潮部分,林肯拿出了一份年历,导致控方证人的证词无效。这简直就像《梅森探案集》的结尾一样精彩:

图 4.1　约翰·福特 1939 年执导的电影《青年林肯》在"年历审判"这一情节迎来了戏剧性高潮。桌上，林肯的帽子旁边放着一本《农夫年历》(*A Farmer's Almanac*)

图 4.2　在约翰·福特 1939 年执导的电影《青年林肯》的这一幕中，由亨利·方达(Henry Fonda)饰演的林肯正在《农夫年历》中查找天文信息

林肯：为何您看得如此清楚？

卡斯：林肯先生，我说过，当时月亮很亮。

林肯：月亮很亮。

卡斯：没错。

林肯：看看这个。 往前翻，你看看。 这是《农夫年历》。往前翻，你看看，看第 12 页。 你看到里面写着月亮会怎么样？当晚的月亮是上弦月，在 10 时 21 分落下，40 分钟之后发生了凶杀案①。 所以你看，当时的月亮不可能很亮，不是吗？ 你撒谎了，对吧？

大多数林肯传记都会讨论年历审判，但是其中提供的天文信息通常十分模糊，有时甚至还存在错误，或者自相矛盾，这令人感到困惑。我们得克萨斯州立大学团队最初想借助计算机程序重新构建 19 世纪 50 年代伊利诺伊州乡村的天空，为年历审判提供正确的天文信息。在这一过程中，我们意外发现了凶杀案发生当晚异常的月球现象，并通过天文学分析解开了一直以来有关年历审判的谜团。

维珍树林的野营集会

1857 年 8 月，卫理公会的巡游牧师彼得·卡特赖特（Peter Cartwright）在伊利诺伊州梅森县（Mason County）举办了一场为期三周的野营集会。布道的帐篷和平台支在维珍树林里。

---

① 电影《青年林肯》对月亮落下的时间的描述，与作者团队的发现不符。——译者注

在布道之余，临时酒吧中的饮酒和赌博活动开展得如火如荼。1857年8月29日(这一天是周六，也是野营集会举办期间的最后一个周末)深夜11点，在其中一个户外酒吧里，威廉·阿姆斯特朗(William Armstrong)、詹姆斯·诺里斯(James Norris)和詹姆斯·梅兹可(James Metzker)三人打了起来。之后，梅兹可骑着马去了附近的朋友家，三天后因为头部创伤在朋友家过世。诺里斯和阿姆斯特朗因此被捕，并因这场谋杀案而被起诉。诺里斯首先接受审判，被判有罪，处以有期徒刑6年。

年历审判

然后，另一名被告的母亲汉娜·阿姆斯特朗(Hannah Armstrong)到斯普林菲尔德市(Springfield)向林肯求助。林肯是阿姆斯特朗一家的老朋友，他刚开始在伊利诺伊州新塞勒姆村(New Salem)生活时受过阿姆斯特朗一家的恩惠。他立即同意为阿姆斯特朗辩护，且拒收任何费用。

1858年5月7日，针对阿姆斯特朗的谋杀案在伊利诺伊州比尔兹敦(Beardstown)进行了审判。和诺里斯的情况一样，对阿姆斯特朗不利的证据慢慢多了起来。

控方的证人查尔斯·艾伦(Charles Allen)表示，他距离打斗地点大约150英尺(约45.7米)，但借着空中那轮近乎圆满的月亮的光芒，他将经过看得清清楚楚。艾伦声称，他看到阿姆斯特朗给了受害人致命一击。然后林肯拿出一本历书，证明深夜11点，大约是月落前的一小时，月亮会在地平线附近消失，而不是像证人所说的那样出现在头顶上。地平线附近的月亮是不可能将月光洒向林中空地的。几位陪审员后来表示,"年历打败了证人"。经过短暂的审议,陪审团宣判阿姆斯特朗无罪。

没有人确切地知道林肯查的是哪一本或哪几本年历。作者们莫衷一是。

林肯有没有造假?

几乎就在审判结束之后,严重的指控开始流传开来,说是林肯使用了一本伪造的历书,他出于自己的目的,在一家印刷厂修改了月相和月落的时间。1866 年,在庭审中协助控方律师的 J. 亨利·肖(J. Henry Shaw)在一份书面声明中表达了当时"流行的观点",即林肯在"谋杀案发生的一年前"可能已经"为了那个场合"编了一本年历。一位早年撰写林肯传记的作者注意到了肖的声明,在讨论年历的时候指出年历存在"有关真实性的问题"。后来也有一位历史学家,本着对林肯的信任,表示无法相信这一指控:"很难解释年历造假这一流言的起源,很难解释这个故事为何会经久不衰。"

但是,当时许多市民认为林肯编了一本假年历。下面这段报道曾为一名林肯传记的作者所引用,清楚地暗示了林肯存在不诚实行为:

> 记得那次审判的人……在审判之后……一次又一次地讨论着那件事。 他们中的有些人和目击者一样,清楚地记得梅兹可在野营集会上被殴打的那个夜晚,天上挂着一轮满月。 尽管林肯先生有书面证据,他们还是坚持自己的记忆是正确的。

> 此外,可以确信的是,年历记载,斗殴发生时,一轮月亮几

乎升到了半空。接着，人们调查了林肯先生在法庭上呈上的那本年历，而那本小册子却找不到了。

"月亮几乎升到了半空"是指月亮穿过了子午圈。在一天之中，月球会从东边的地平线升起，升到东边天空，过几小时，穿过子午圈，然后再落到西边天空，再过几小时，最终落入西边的地平线。在穿过子午圈的时候，月球位于正南方，且在当天位于天空的最高点。

19 世纪的年历将月球穿过子午圈的现象称为"月球的南行"。与现在的大部分人相比，19 世纪 50 年代的村民会更多地使用年历，而年历审判后持怀疑态度的市民则在各自的 1857 年年历中查找月球南行的时间。

即使是林肯的支持者，伊利诺伊州传记作家埃德加·马斯特斯(Edgar Masters)也表示："必须注意到，许多和林肯同时代的人认为，林肯在使用那份年历的时候存在一些问题。"那么，为什么野营集会的人亲眼看到一轮明月高高地挂在子午圈附近，而林肯又能用年历证明月亮即将在地平线附近落下？

月球计算结果

多年以来，应各位研究林肯的历史学家的要求，许多知名天文学家计算了 1857 年 8 月 29—30 日晚的月相和月落时间：耶鲁大学的伊莱亚斯·卢米斯(Elias Loomis)在 1871 年进行了计算；伊利诺伊大学的乔尔·史泰宾斯(Joel Stebbins)分别在 1909 年和 1925 年进行了计算；叶凯士天文台(Yerkes Observatory)的工作人员在 1925 年进行了计算；哈佛大学天文台在 1928 年进行了计算；美国海军天文台（U. S. Naval Observatory）分别在 1905 年、1925 年和 1976 年进行了计算。这些计算结果基本一致——1857 年 8 月 30 日的月落时间大致为凌晨 0 时 04 分。这支持了林肯的说法，即 1857 年 8 月 29 日深夜 11 点时，月亮低垂于天际，马上就要落入地平线。

我们得克萨斯州立大学团队重新进行了计算，结果意外发现了一个 18.6 年的月球周期及其对 1857 年 8 月 29 日月亮穿过天空的轨迹的影响。这条新的天文线索能够帮助我们理解为什么这么多人会认为林肯伪造了年历，从而化解林肯的天文学证据与市民的回忆之间显而易见的矛盾。

高月亮、低月亮

在 18.6 年的月球周期中，月亮穿越天空的轨迹及月亮出现在地平线上的时间存在巨大的不同。在地轴 23.5°的倾斜角和月球轨道平面 5°的倾斜角的共同作用下，月亮穿越天空的轨迹每 18.6 年会出现一次极端情况，轨迹不是异常高就是异常低。

在极端情况下，如果月亮升得很高，那么它就会在东北方升起，几乎从我们的头顶穿过子午圈，然后在地平线上停留数小时，最终在西北方落下。如果月亮垂得很低，那么它会从东南方升起，升到较低的高度，在南方地平线不远处穿过子午圈，然后在地平线上停留较短的时间，最后在西南方落下。

我们得克萨斯州立大学团队计算了可能出现极高月亮和极低月亮的年份，发现 1857 年就是其中之一。在 1857 年，月亮可能会升得很高或者垂得很低，不过这只发生在个别几天里。

1857 年 8 月 29 日低垂的月亮

在惊人的巧合下，1857 年 8 月 29 日（也就是维珍树林野营集会举办期间的最后一个周六）是这一年中月亮异常低垂的日子之一（见图 4.3）。事实上，我们发现 8 月 29 日，月亮在天空中的轨迹可能是整个 18.6 年的周期中最为极端的一天。

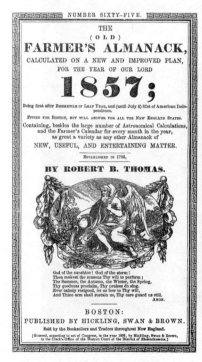
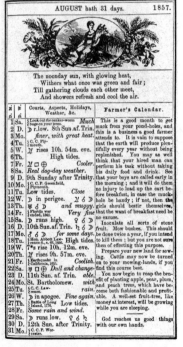

图 4.3　1857 年出版的《老农夫年历》(The Old Farmer's Almanack)里面提到，1857 年 8 月 29 日晚上——伊利诺伊州维珍树林里发生致命打斗的那个晚上——"月亮低垂"

1857 年 8 月 29 日,月亮在地方平时晚上 7 时 44 分穿过子午圈,仅高出南方地平线 20°。这轮月亮的亮度系数达到了74%,呈现盈凸月的月相(见图 4.4)。接着,月亮低低地穿过西南方天空,从子午圈到地平线仅用了 4 小时多一点,然后在 8 月30 日凌晨 0 时 04 分落下。

图 4.4 这张照片展现的是一轮盈凸月,月亮有74%的部分亮着,接近 1857 年 8 月 29 日晚上月亮穿过伊利诺伊州天空时的情况

那么，当时的天空是否晴朗到可以使人们看到月亮？天气观测结果显示，该周早些时候天气较为温暖潮湿，而且有东南风。但在1857年8月28日，冷锋经过伊利诺伊州中部，为该地区带来了干燥的冷空气。8月29日晚上9点，仅与维珍树林相距14英里（约22.5千米）、同样位于伊利诺伊州的史密森尼（Smithsonian）气象观测站报告，当时的气温为13.3℃，有来自西北的微风，天气非常晴朗。

诚实的亚伯拉罕

市民们记得自己在野营集会时看到一轮明月"几乎升到了半空"，他们的记忆准确吗？林肯又断言案发时月亮垂得很低，马上就要落下，他的说法正确吗？我们根据研究发现，两者之间没有矛盾，也就是说两者都对！

当天晚上8点前不久，在野营集会上唱赞美诗、布道的过程中，月亮穿过了维珍树林上空的子午圈，当时的天空晴朗无云。正如林肯所言，在几小时后、野营集会结束的时候，月亮已经消失在人们的视野中。1857年8月29日的月球运动非常罕见，接近在18.6年的月球周期中可能出现的极端情况。这条新的天文学线索解释了为什么假年历的故事会流传开来，且证实了林肯在援引年历时的诚实表现。

石墙杰克逊和钱斯勒斯维尔战役中的月亮

在1863年5月2日的月圆之夜，石墙杰克逊被"友军的炮

火"重伤。8 天后,杰克逊去世,从此南方邦联军少了一位优秀
的将领。那么,我们如何通过月相、月出时间、日落的时间和月
光的方向来了解当晚的具体情况呢?为什么北卡罗来纳州 18
团没有在杰克逊将军靠近南方邦联阵线时认出他呢?钱斯勒斯
维尔的满月又如何影响了两个月后的葛底斯堡战役呢?

南北战争 150 周年

葛底斯堡战役通常被认为是南北战争的转折点。南方
邦联军最初在 1863 年 7 月 1 日取得了一些胜利,但未能抓
住机会占领寇普岭(Culp's Hill)和墓园岭(Cemetery' Hill)的
高地。最终,北方联邦军占领了这两块关键的战略阵地。7
月 3 日,南方邦联军在墓园岭对抗北方联邦军的皮克特冲锋
失败,赢得战争的希望因此破灭。南方邦联军准将里吉斯·
德·特罗布里安(Régis de Trobriand)曾经描述过宾夕法尼
亚州一片寂静田野上方的夜空:"和钱斯勒斯维尔战役时一
样,月亮面带微笑升到星空之中。她那纯白的光,照在生者
身上,照在死者身上,照在草丛间盛开的小花上,也照在血泊
中的残躯上。"

不过,南方邦联军的一位重要人物没有出现在葛底斯堡战
役中。在 1863 年 5 月 2 日的另一个月圆之夜,陆军中将石墙杰
克逊在钱斯勒斯维尔战役中被"友军的炮火"击中,身负重伤(见
图 4.5 和图 4.6)。8 天后,他去世了。在受到致命一击后的几
小时内,外科医生不得不截掉杰克逊的左臂。在杰克逊去世前
不久,罗伯特·李(Robert Lee)将军说出了这样一句名言,这句

图 4.5 这幅由库尔茨（Kurz）和艾利森（Allison）在 1889 年创作的石刻版画名为《钱斯勒斯维尔战役》，画面的前景右侧描绘了身负重伤的石墙杰克逊，画面的左上方则是一轮满月

话体现了杰克逊是不可替代的："他失去了左臂，而我失去了右臂。"

几年之后，李将军在回顾这场战争时有感于杰克逊的逝去："如果石墙能够活到葛底斯堡战役，我们就能赢得一场伟大的胜利。"

南方邦联军陆军少将拉斐特·姆卡罗（Lafayette McLaws）也对这场关键战役中缺少石墙杰克逊的带头作用表达了类似的看法：

如果 1863 年 7 月 1 日晚上他在葛底斯堡，当敌人在山岭和山

图 4.6 石墙杰克逊的肖像。历史学家认为这张照片拍摄于 1863 年 4 月底,与钱斯勒斯维尔战役相隔不到两周

脊上溃不成军的时候……他率领的获胜军队就会毫不迟疑地向前挺进。 他不会犹豫……而是会以他特有的冲劲和胆量勇往直前,那些重要的阵地毫无疑问会被我们拿下,三日的葛底斯堡战役也就不会发生。 他为自己赢得了这样的名声,而且他的名声将永久流传下去。

侧面进攻和升起的月亮

在石墙杰克逊传奇的军事生涯中,1863 年 5 月 2 日,他在钱斯勒斯维尔战役中从侧面攻击了北方联邦军右翼。这是他最精彩的军事策略之一。杰克逊发动进攻时,距离太阳落山还剩不到 2 小时。日落之后,进攻停滞了。于是,杰克逊决定重新发动进攻,在一轮圆月的照耀下继续战斗到深夜。

历史学家道格拉斯 · 弗里曼(Douglas Freeman)描述了这

一场景，以及杰克逊充满野心的计划："一轮满月冉冉升起，在低处缥缈的烟雾间散发着暗淡的红光。似乎是上天仁慈地将这盏红色的灯笼挂在天上，照耀着南方邦联军通往独立的道路……在最辉煌的夜晚结束之前，或许可以阻挠北方联邦军抵达浅滩。"

但是，这轮满月却为南方邦联军带来了一场灾难，杰克逊将军因此被"友军的炮火"击中，身负重伤。我们得克萨斯州立大学团队发现，月亮升起的方向在其中起着关键作用。

许多目击者都提到了钱斯勒斯维尔战役那晚的明亮月光。根据南卡罗来纳州的詹姆斯·考德威尔（James Caldwell）的回忆，1863 年 5 月 2 日日落之后，他所在的旅继续向前挺进："月亮……照耀着我们前进的道路……夜间作战总是令人恐惧的……听着炮弹呼啸着在你头顶炸开，听着炮弹的碎片拍打着树木、撕裂四肢的声音，不知道死亡会从何处降临，这是超越一切的考验。这里是如此的不协调——下面是狂暴、怒喝、嘶吼、尖叫、屠杀，上面是柔和、寂静、美好的月光和一片祥和！"

在那个宿命之夜，威廉·伦道夫（William Randolph）上尉骑马跟在杰克逊身侧。他事后回忆道："夜幕降临，我们似乎已经大获全胜。敌方的步兵已从我们眼前消失……月光格外耀眼，把我们附近所有的物体都照得清清楚楚……月亮将清辉洒向开阔的高速公路。"

月光下的致命一击

1863 年 5 月 2 日晚上 9 点左右，杰克逊骑马前往战场进行侦察。他在寻找一条通往北方联邦军后方的道路，以期在拉帕

汉诺克河(Rappahannock River)沿岸的浮桥和浅滩前拦下北方
联邦军。杰克逊希望这天晚上的进攻能够发挥决定性作用,为
南方邦联军带来战争的胜利。当时,北卡罗来纳州18团的士兵
误以为对面来的是北方联邦军骑兵,因而向他们开火,南方邦联
军炮兵军官爱德华·亚历山大(Edward Alexander)上校讲述了
这一灾难(见图4.7):

图 4.7　约翰·卡斯勒(John Casler)在 1908 年出版的回忆录
《石墙旅的四年》(*Four Years in the Stonewall Brigade*)里有一幅题
为《1863 年 5 月 2 日石墙杰克逊重伤垂危》('*Stonewall*' *Jackson
Mortally Wounded, May 2nd, 1863*)的木刻版画。画面中,在杰克
逊和他的护卫队身后的天空上,一轮冉冉升起的满月散发着清辉。
但在实际的战场上,战马和骑兵在月光下看起来都是一团团的黑
影,这就是北卡罗来纳州 18 团的士兵没有认出杰克逊的原因

　　那晚的月亮很圆……在冉冉升起的月亮的昏暗的光线下,杰
克逊身后跟着几名参谋和信使,他们沿着一条叫作芒廷路

(Mountain)的旧路缓缓骑马前行⋯⋯杰克逊骑在最前面，顺着原路慢慢返回阵地，就在此时，炮火齐发。北卡罗来纳州18团的约翰·巴里（John Barry）少校借着月光看到一群骑兵朝他而来，于是命令他的左翼开火⋯⋯

南卡罗来纳州的贝里·班森（Berry Benson）听到了炮火的声音："满月散发着明亮的光芒，人们因而可以看见远处的物体⋯⋯九十点钟，我们停了下来⋯⋯面前突然发射的炮火让我们吓了一大跳⋯⋯就在这吓了我们一跳的炮火中，我们失去了杰克逊，他是被我们自己人击中的。"

副官把杰克逊放在担架上，并把他抬到战地医院。就在此时，南方邦联军的防线遭到了费尔维尤高地（Fairview Heights）上数十名北方联邦军的袭击（见图4.8）。北方联邦军的托马斯·奥斯本（Thomas Osborn）上尉报告称，他们在1863年5月2日晚上9时30分左右向南方邦联军开火，"他们的队伍遭到了严重的破坏"。奥斯本观察到，"美好的月夜"使他的炮兵能够将炮弹掷到南方邦联军阵地上空，"将敌军阵地撕成碎片"，同时又没有伤到一名北方联邦军士兵。北方联邦军炮兵乔治·温斯洛（George Winslow）中尉同样认为，夜间有可能进行这样精确的瞄准，这是因为"皓月当空，万里无云，我们从而能够相当准确地用枪进行瞄准"。

图 4.8　旭日的光芒照亮了钱斯勒斯维尔战役中费尔维尤高地上的炮台。在 1863 年 5 月 2—3 日指挥纽约轻炮 1 营炮兵 D 连的乔治·温斯洛中尉解释说,他可以直接从这个位置精确开火,因为"皓月当空,万里无云,我们从而能够相当准确地用枪进行瞄准"

夜战

杰克逊被抬出战场后,南方邦联军停止了前进。然而,战斗仍在继续,北方联邦军丹尼尔·西克尔斯(Daniel Sickles)少校发动了午夜袭击。西克尔斯报告称:"夜晚非常晴朗、宁静,月亮近乎圆满,向树林里洒下了充足的光线,为前进提供了方便。"

北方联邦军阿布纳·道布尔迪(Abner Doubleday)少将(他在今天非常有名,因为人们常常误认为他是棒球的发明者)观察了满月及夜战:"我们在远处听到了攻击杰克逊的炮火声,还看到战火染红了夜空……我们起初在一片寂静中穿过暮色渐深的树林向前行军,接着,北美夜鹰唱起了哀怨的歌,直到满月升起,光彩夺目……我们接近战场时,夜战开始了,炮弹似乎穿过我们的头顶，在树林里炸开了，发出了耀眼的光芒。"

著名的当代诗人沃尔特·惠特曼在这场夜战的 10 天后写了一篇散文，其中多次提到月光：

晚上的气氛十分宜人，有时满月当空，天气晴好，自然万物平静祥和……然而，战斗激烈地进行着……在破裂、粉碎、嘶吼声中，上空和周围的夜色蒙上了一层阴郁……谁知道白刃战——黑暗中的许多战斗，那些影子互相交叠、月下树林间的速战速决……白刃的寒光、滚滚的硝烟？还有那破碎、晴朗、阴郁的天空——还有那银色的月光，正温柔地洒向大地。

由于双方都需要停下来重新部署，夜战最终结束了。

月光的反射

J. 斯图亚特(J. Stuart)少将接管了杰克逊的军队，并命令爱德华·亚历山大上校为第二天的交战确定最佳的机枪阵地。亚历山大在树林里搜索时，双方的士兵都睡着了：

那是一个辉煌、晴朗、宁静和满月当空的夜晚……我永远不会忘记那个夜晚。大约从 9 点到 3 点，我在树林里探索我们的阵线位置，从最右边找到了最左边……探索了我方范围内方便扛枪作战的所有道路……我们的人躺在阵地上，或是手里握着枪，或是把枪放在身侧，忘却了前一天的疲劳和兴奋，在白色月光下看起来就像一群死人。这让人不禁想到，匆匆而来的明天过去之后，有多少人会死去，永远地躺在那片黑暗的树林里。

那天晚上，钱斯勒斯维尔上空的恒星、行星和满月启发了乔治亚州的米卡贾·马丁（Micajah Martin），他在写给父母的信中引用了荷马的《伊利亚特》中的有关诗句：

> 军队精神饱满，围坐在阵线空地之上，
>
> 营火熊熊燃烧，将大地照得透亮；
>
> 月亮如同夜间的明灯，
>
> 在深蓝的晴空中绽放神圣的光芒；
>
> 没有一丝风，四下一片宁静，
>
> 没有一片云，天地万物肃然。
>
> 明亮的行星围绕着她的宝座，
>
> 漫天的繁星为北极缀上了金色，
>
> 将黑暗的树梢映得翠绿微黄，
>
> 向高耸的山峰洒下银色的清光。
>
> 麦垛一旁骏马嘶鸣，
>
> 热血的勇士们静候黎明的降临。

计算机的天文馆软件显示，1863 年 5 月 2 日深夜 11 点后不久，月亮在天空中升到了最高点。那天晚上，木星和土星也为弗吉尼亚州的天空增添了光彩。第二天，"热血的勇士们"大获全胜，把北方联邦军赶出了钱斯勒斯维尔，书中常将这场胜利称为"李将军最辉煌的胜利"（Lee's Greatest Victory）。

计算钱斯勒斯维尔的天空

历史学家在回顾钱斯勒斯维尔战役时通常会提到月亮，但不会计算月出和日落的时间，以及月光的照射方向。

我们的计算机计算结果显示，1863 年 5 月 2 日，日落前 42

分钟，一轮近乎圆满的月亮(亮度达到 99.6％)升上了天空。暮色渐深，月亮也徐徐高升，故而钱斯勒斯维尔并未陷入彻底的黑暗。冉冉升起的月亮的光芒为杰克逊增添了信心，使他大胆地趁着下午的胜利发动了一次夜间进攻。地方时晚上 9 点，月亮升到了东南方地平线上方 25°的位置。

我们得克萨斯州立大学团队意识到，计算所得的月光照射方向解释了一个非常重要的问题——为什么北卡罗来纳州步兵 18 团向东南方望去时，未能认出杰克逊将军，从而向他开了致命的一炮。

黑夜还是明月夜？

历史学家詹姆斯·吉利斯皮(James Gillispie)指出，北卡罗来纳州步兵 18 团因在钱斯勒斯维尔战役中向石墙杰克逊开炮的事迹而闻名。约翰·巴里少校"对下达开火的命令感到极度内疚"。战后，詹姆斯·莱恩(James Lane)准将"对他的旅或者北卡罗来纳州步兵 18 团打伤石墙杰克逊的任何批评都非常敏感"。莱恩将这一悲剧解释为"黑暗造成的误会"。

钱斯勒斯维尔战役以来的 150 多年里，不同图书对 1863 年 5 月 2 日晚上究竟是黑夜还是明月夜看法不一。尤其对南方邦联军而言，他们的士兵没能认出石墙杰克逊这样的大人物似乎有些令人费解，因此许多人坚持认为当天晚上一片漆黑是这一事件发生的主要原因。

例如，1902 年 6 月，《邦联老兵》(Confederate Veteran)杂志刊登了一封来自弗吉尼亚州 37 团的 E. 安德森(E. Anderson)的信，他准确地回忆道："我在钱斯勒斯维尔战役中亲眼看到杰克逊倒下。那是一个美丽的明月夜。"在 1902 年 10 月刊中,乔治亚州步兵 4 团的 I. 罗斯诺(I. Roseneau)反驳说,安德森的声明并不正确："杰克逊将军在我的左边被击中,我清楚地记得,'那是我见过的最暗的夜晚'……如果那天晚上是一个美丽的明月夜,那么向杰克逊将军开火的同志就能认出他,可怕的灾难也就不会发生。"

月光下的黑色轮廓

大量战争亲历者的描述可以证明,两军确实是在明亮的月光下作战的。不过,我们可以用月光的照射方向来解释杰克逊为什么会负伤。当时,北卡罗来纳州 18 团的士兵正朝东南方,也就是月亮升起的方向望去。月光下,骑马返回南方邦联军阵地的杰克逊一行人仅仅显现出黑色的轮廓。他们只留下一个个黑色的身影,让人无从辨认。

在事件发生 150 多年以后,我们通过天文学分析部分免除了北卡罗来纳州 18 团重伤杰克逊的责任。

古今的夜战

只要是打仗,在夜战中发生这样的乌龙事件就在所难免。根据公元前 5 世纪古希腊历史学家修西得底斯(Thucydides)的描述,雅典人曾经遇到过类似的问题："夜战中,即使明月当空,他们也可能只能看到眼前人的轮廓,但不能确定眼前人是敌是友。"

在 1863 年的钱斯勒斯维尔战役中，月光的照射方向发挥了至关重要的作用，使南方邦联军的骑兵看上去只是一团团黑影。

月相也同样重要。如果那天晚上的月相不是满月，那么杰克逊可能不会企图在入夜后继续发动进攻，南方邦联军也就不会射出致命的一弹。从这两个层面上看，满月影响了那天晚上的决定性事件，改变了南北战争的进程。

❺

第二次世界大战中的月亮与潮汐

在二战的许多重要战役中,天文因素都发挥了重要作用。对于本章所述的四个事件,我们得克萨斯州立大学团队对潮位、月相和月光照射方向进行了计算,从而得出了新结论。

1941 年 12 月 7 日,日军飞机袭击珍珠港,引发了二战中的太平洋战争,也使这一天成了美国历史上最著名的日子之一。那么,日本的军事策划者是为何选择这一空袭日期的呢?为什么在日本的历史书中,偷袭珍珠港的日期是 1941 年 12 月 8 日呢?在空袭开始的 4 小时前,美军扫雷艇借着明亮的月光,在珍珠港入口以外发现了日军的一艘小型潜艇,这一事件差点泄露了日军的偷袭计划,这又是怎么一回事呢?

1943 年 11 月 20 日上午,美国海军陆战队在塔拉瓦(Tarawa)环礁的贝提奥岛(Betio Island)进行两栖进攻时,潮水没有涨到预期的高度。因此,登陆艇无法在海滩上登陆,只能在环岛的礁石上搁浅。于是,海军陆战队不得不在猛烈的炮火下涉水前进 600 码(约 548.6 米),伤亡十分惨重。那么,为什么潮水当时没能涨起来呢？异常的月球现象又对潮汐造成了怎样的影响？

　　另外，为什么要将进攻诺曼底地区的登陆日选在 1944 年 6 月 6 日呢？当伞兵在午夜过后降落到法国时，空降团希望看到的是暗淡的新月还是明亮的满月？登陆日的月相是什么？军事策划者是如何对月相要求与登陆海滩的潮汐要求进行协调的呢？盟军在诺曼底地区的奥马哈海滩(Omaha Beach)登陆时，希望遇到的是小潮还是大潮，涨潮还是退潮呢？

　　在二战即将结束的几周以前，美国海军在海上遭受了最为惨重的损失。在将广岛原子弹运到天宁岛(Tinian)上的美国 B-29 空军基地之后，美国海军印第安纳波利斯号(Indianapolis)重型巡洋舰在 1945 年 7 月 29—30 日午夜时分被鱼雷击沉。身穿救生衣的幸存者在大批鲨鱼出没的菲律宾海域漂浮了数日。他们的可怕经历为许多图书及电影《大白鲨》中的著名台词提供了灵感。那么，日军的伊-58 号潜艇是如何发现美国印第安纳波利斯号重型巡洋舰的呢？那天晚上的月相是什么？月光的照射方向又对印第安纳波利斯号重型巡洋舰的沉没产生了怎样的重要影响？

1941 年的珍珠港：月亏日升

　　1941 年 12 月 7 日，6 艘日本航空母舰上的 353 架飞机袭击了夏威夷珍珠港，拉开了二战中太平洋战争的序幕，也使这一天成了美国历史上最著名的日子之一。那么，日本为什么要选择 1941 年 12 月 7 日这一天进行空袭呢？这一天的月相如何影响日本军事策划者的选择？在空袭开始的 4 小时前，美军扫雷艇借着明亮的月光，在珍珠港入口以外发现了日军的一艘小型潜艇，这艘小型潜艇差点泄露了日军的偷袭计划，这又是怎么一回事呢？此外，为什么在日本的历史书中，偷袭珍珠港的日期是 1941 年 12 月 8 日呢？

1941 年 12 月 7 日的月相

当然，选择在周日上午偷袭珍珠港（见图 5.1 和图 5.2）是日军深思熟虑的结果，因为此时美国军队处于戒备状态的可能性最小。不过，不太为人所知的是，日本的军事策划者选择这个特殊的周日也是出于对月相的考虑。

图 5.1　理查德·德罗斯特的画作《战列舰队列》(*Battleship Row*)展现了珍珠港事件的场景

　　当晚的月相对日军的行动而言十分重要。1941 年 12 月 3 日，满月大约在日落时升起，在午夜到达地平线上的至高点，最后在日出前后落下，月亮一整夜都散发着光芒。不过满月过后几天出现的亏凸月，对日军的舰队可能更为有利。亏凸月的亮度系数小于满月(即被照亮的部分小于 100％)，但是被照亮的部分又超过了一半(即大于 50％)。亏凸月会在晚上缓缓升起，在午夜过后穿过天空中的至高点，并在黎明前一直高高地挂在空中，照耀着大地。

图 5.2　1941 年 12 月 7 日的袭击过后，西弗吉尼亚州和田纳西州的战列舰周围冒起了滚滚浓烟

　　如表 5.1 所示，12 月 7 日晚的确出现了一轮明亮的亏凸月。

表 5.1 月相和亮度系数（日期参照格林尼治时间）

1941 年 11 月 19 日	新月	0 ％ 被照亮
1941 年 11 月 25 日	上弦月	50 ％ 被照亮
1941 年 12 月 3 日	满月	100％ 被照亮
1941 年 12 月 7 日	亏凸月	88 ％ 被照亮
1941 年 12 月 11 日	下弦月	50 ％ 被照亮

某重要参战人员评论称,珍珠港事件中的月相并非巧合,而是日军计划中不可或缺的一部分。日本联合舰队司令长官山本五十六大将策划了珍珠港事件。在 1941 年 1 月的一封信中,他概述了自己的计划,即让航空母舰"在月夜或黎明冒险,集中所有的空中力量发动突袭"。

另外,海军中佐渊田美津雄提供了更多细节。渊田领导了此次袭击,并发出著名的"虎,虎,虎"暗号,表明日军奇袭成功。他对计划做出了这样的解释:

为什么要将空袭日选在 12 月 8 日呢？ 当时,夏威夷还是 12 月 7 日,这一天是星期天、休息日。 但我们选这一天仅仅是为了在美军舰队休息的时候发动袭击吗？ 答案是否定的,事情没有那么简单……有利的月光条件是一项主要的考虑因素,满月之后月相为亏凸月的日子是最理想的时间。

日本海军军令部作战部长富冈定俊少将表示,月相是他们"选定 12 月 8 日"的一大原因,"月相必须为特战队的夜间行动提供最亮的月光"。

日本联合舰队参谋长宇垣缠少将同样提到了月亮的重要性："我们日本联合舰队得出了以下结论：考虑到准备工作的完成情况、突袭当天是星期几、距离新月的天数和当天的月相，12月8日是最理想的日期。"

日本海军军令部总长永野修身大将在12月2日拜见天皇时解释了选择这一日期的原因，当时，日军的舰队已经向东穿越太平洋，驶向珍珠港："为了使陆军、海军和空军的第一波进攻尽可能简单有效，我们认为最佳的时间是新月之后第20天左右的明月夜，位于午夜和黎明之间的某一时刻……我们因此选择了12月8日，这一天是新月之后的第19天，对夏威夷地区而言是星期天。"

日军将偷袭珍珠港的日期定为12月8日，美军可能会对此感到诧异，但是这一日期从日本的时间系统来看却是正确的。日本袭击部队在跨越国际日期变更线的时候并未将日期减去一日，而是沿用了相同的日期，甚至沿用了东京使用的东九区的区时。偷袭珍珠港的第一波轰炸开始于夏威夷当地时间12月7日上午7时55分。夏威夷所在时区的时间比格林尼治时间晚了10.5小时，而东京时间比格林尼治时间则早了9小时。因此，当时英国已是12月7日下午6时25分，日本则是12月8日凌晨3时25分。

日军偷袭珍珠港的时候，与上一次出现新月的时间相距18.8天。这和日军在新月之后19天进行偷袭的计划相吻合。不过，亏凸月不仅为迫近的日军带来了光明，也为站岗的守卫人员带来了光明。

秃鹰号、沃德号、心宿二号和小型潜艇

在那个命中注定的周日的黎明前,美国海军秃鹰号(Condor)扫雷艇(见图 5.3)在珍珠港进港航道入口的浮标前执行磁力扫雷任务。凌晨 3 时 42 分,值更官罗素·麦克洛伊(Russell McCloy)少尉注意到了什么东西。这个东西起初像是浪花上的泡沫,但它一直没有消失,反而朝着港口的入口直线前进。

图 5.3 凌晨 3 时 42 分,美军的秃鹰号扫雷艇在珍珠港进港航道入口外发现了一艘日本小型潜艇

军需官罗伯特·尤特里克(Robert Uttrick)用双筒望远镜看了看,随即做出了判断:"长官,这是一个潜望镜,但在这个区域不应该出现任何潜艇。"在海防区,所有美国的潜艇都必须在水面上行动,所以任何水下的船只都会被视作敌方船只。

我们现在知道,秃鹰号发现的是五艘小型潜艇中的一艘。这些潜艇长 80 英尺(约 24.4 米),每艘载有两名船员和两颗鱼雷。这些小型潜艇停在大型潜艇的甲板上,跟着大型潜艇离开日本,并在那天晚上从大型潜艇的甲板上下来,试图进入珍珠港。

秃鹰号第一次发现小型潜艇时,潜艇正在秃鹰号的左舷前方,与秃鹰号的航向相对。可能是日军的舵手发现了美军的扫雷艇,潜艇急速左转。由于秃鹰号不具备反潜作战的能力,凌晨 3 时 57 分,秃鹰号船员向正在航道入口巡逻的沃德号(Ward)驱逐舰(见图 5.4)发送了闪光信号。

图 5.4　美军的沃德号驱逐舰以在太平洋战争中打响了美日之间的第一炮而闻名。上午 6 时 45 分,日军飞机开始空袭前约一小时,沃德号的甲板炮开了几轮火,并展开深水攻击,在珍珠港入口之外击沉了一艘日军的小型潜艇

起初,秃鹰号并未与沃德号取得联系。不过,早晨 6 时 37 分,沃德号发现了一艘企图尾随心宿二号(Antares)补给舰进入珍珠港的小型潜艇。沃德号的甲板炮开了两轮火,第一轮

未击中目标,而第二轮直接击中小型潜艇的指挥塔底部。随后又进行了深水攻击,于早上6时45分击沉了潜艇。2002年8月,夏威夷海底研究实验室(Hawaii Undersea Research Laboratory)的研究人员在珍珠港入口5英里(约8046.7米)开外、水下约1300英尺(约396.2米)处找到了这艘小型潜艇的残骸(见图5.5)。其指挥塔的右舷明显可见沃德号4英寸(约0.1米)炮弹打出的洞。

图5.5　2002年,夏威夷海底研究实验室的一个小组在珍珠港进港航道入口外的深水区发现了这艘小型潜艇。指挥台底部的洞证明,这就是日军飞机向美军战列舰队列发起第一波空袭前约一小时被沃德号击中的潜艇

作为双方的第一次接触,秃鹰号发现潜艇具有重要意义。沃德号则以在太平洋战争中打响了美日之间的第一炮而闻名于世。今天,沃德号上的明尼苏达州海军预备役人员在珍珠港事

件中发射的"第一炮"已成为明尼苏达州议会大厦(Minnesota State Capitol)纪念碑的一部分。

通过计算机程序,我们可以轻松再现珍珠港进港航道入口外的天空。夏威夷时间凌晨 3 时 42 分,当麦克洛伊少尉发现水中的潜望镜时,猎户座和金牛座的星星正朝着西方的地平线落下。这些星星的上方是一轮月亮,88％的部分被太阳照亮,位于双子座和巨蟹座的边界附近,高高地挂在空中,距离地平线 76°。天文学家会用"方位角"来确定天体的位置。其中,0°指示北方,180°指示南方,270°指示西方。

正如在秃鹰号上所见,皎洁的月亮照耀着大海,尤其照向 254°方位角的方向(即正西略微偏南的方向)。在那里,明亮的月亮的倒影在水中闪烁。秃鹰号的战争日记里有一张与潜艇接触的示意图。在这张图里,一条线从秃鹰号的位置划向潜艇被首次发现时的位置,这条线的朝向的方位角为 254°——与月光照射的方向完全一致! 因此,计算机给出了有趣的计算结果。秃鹰号的船员发现了潜艇的潜望镜在明亮的月光倒影映衬下的黑色轮廓。

由于此前有过关于潜艇的误报,珍珠港内的美军并未留意秃鹰号和沃德号发出的警报。类似地,上午 7 时 02 分,也就是在珍珠港事件发生前的一小时左右,瓦胡岛(Oahu)最北端的奥帕纳(Opana)雷达站侦测到了入侵的日本飞机,但这一警告也被忽略了。

日军之所以选择夏威夷时间 12 月 7 日这一天,是因为这一天的午夜和黎明之间的月亮非常明亮。然而事实上,在空袭开

始的约 4 小时以前,明亮的亏凸月早已向美军泄露了日军的
行踪。

1943 年的塔拉瓦环礁:潮水欠高

    1943 年 11 月 20 日上午,美国海军陆战队在塔拉瓦环礁的
贝提奥岛进行两栖进攻时,潮水没有涨到预期的高度。因此,登
陆艇无法在海滩上登陆,只能搁浅在环贝提奥岛的礁石上。于
是,海军陆战队不得不在猛烈的炮火下涉水前进 600 码,并因此
伤亡惨重。礁石上低浅的水位让美军为最终的胜利付出了惨重
的代价——2292 人受伤,1115 人失踪或死亡。

    那么,为什么潮水没能涨起来呢?异常的月球现象又对那
天上午的潮汐造成了怎样的影响?

穿越塔拉瓦环礁

    1943 年 11 月 20 日,不寻常的天文现象导致了不寻常的潮
汐现象,从而对二战中的一场著名战役产生了重大影响。

    太平洋战争中第一次重要的两栖敌前登陆战役发生在吉尔
伯特群岛(Gilbert Islands)的塔拉瓦环礁上。前三波攻击是利
用一种名为 LVT(两栖登陆车)的车辆发起的,这种车辆也被称
为“两栖拖拉机”,无论水位高低,它都能在礁石上缓缓前进。美
国海军陆战队希望在涨潮时登陆海滩,因为接下来的几波攻击
来自一种叫 LCVP(即希金斯艇,是一种车辆及人员登陆艇)的
登陆艇和一种叫 LCM(中型登陆艇)的登陆艇。LCVP 和 LCM

装载重物时会吃水 4 英尺(约 1.2 米)或更深。

进攻的指挥官大卫·舒普(David Shoup)上校告诉战地记者罗伯特·谢罗德：

我最担心的是，我们的船可能无法通过那突出的、长约 500 码（约 457.2 米）的珊瑚礁。我们可能得涉水向前。当然，第一波攻击是通过"鳄鱼"（即上文中提到过的 LVT）发动的，因此没什么问题。但 LCVP 和 LCM 则会因吃水太深而无法靠近，那么我们可能不得不在机关枪的扫射下涉水前进，或者不得不让 LVT 在海滩和珊瑚礁边缘往返穿梭。我们必须非常仔细地计算海水水位，以便 LCVP 和 LCM 能够顺利登陆。

策划者希望水面能高出礁石 5 英尺(约 1.5 米)，足够 LCVP 和 LCM 在礁石上漂浮起来。在选择登陆日期时，指挥官认为在选定的日期到来时，黎明后大约 3 小时应该可以进行海军和空军的初步轰炸，第一批突击部队应该可以在高水位出现前 2 小时趁着涨潮完成登陆，上午晚些时候出现高水位时应该可以送达后勤物资，而在下午应该可以夺下滩头阵地。

根据美国海岸大地测量局的潮汐表，在选定的 1943 年 11 月 20 日，上午 6 时 12 分日出，上午 10 时 47 分出现 4.9 英尺(约 1.5 米)的正午高潮位。然而，1943 年，对吉尔伯特群岛和其他太平洋中部岛屿的潮汐预测被怀疑是不可靠的，因为它们是从悉尼、瓦尔帕莱索(Valparaiso，智利)和阿皮亚(Apia，萨摩亚)等遥远的参考点推算出来的。

特遣部队的行动计划里还包括一张由"外国军团"(Foreign Legion)制作的塔拉瓦环礁潮汐表。外国军团是一个由澳大利亚人、英国人和新西兰人组成的团体,他们或在吉尔伯特群岛航行,或在战前居住于吉尔伯特群岛。外国军团的大部分成员预测,塔拉瓦战役登陆日上午 11 时 15 分,塔拉瓦环礁的水位将达到 5 英尺(约 1.5 米)。

潮水欠高

11 月初,在瓦努阿图群岛(New Hebrides)的埃法特岛(Efate Island)举行的演习中,LCVP 和 LCM 在仅仅距离海滩 75 英尺(约 22.9 米)的地方搁浅,士兵们非常轻松就蹚过齐膝深的水,冲到了岸上。而在实际的塔拉瓦战役中,上午 9 时 20 分,当 LCVP 和 LCM 接近海滩时,水位仅高出礁石 3 英尺(约 0.9 米)。事实上,在接下来的 48 小时内,潮位并没有如预期中那般上升。于是,LCVP 和 LCM 在礁石边缘搁浅,海军陆战队队员不得不面对机关枪的扫射,涉水前进 600 码。

图 5.6 描绘了塔拉瓦战役中难忘的一幕——士兵蹚着水,从遥远的礁石边缘来到了岸上。

这样一来,进攻的势头就丧失了;礁石上方低浅的水位既直接又间接地导致了海军陆战队为夺取最终胜利而产生的大量人员伤亡。许多书将塔拉瓦环礁的潮水描述为"不够高的潮水""迟缓的潮水""异常的潮水"或是"闪避潮"。

而对军事策划者而言,礁石上的潮水不够高(见图 5.7)并不是一个很大的意外。新西兰预备军官、外国军团成员弗

兰克·霍兰德(Frank Holland)少校极力反对多数意见,并警
告说,海军陆战队是不可能让 LCVP 和 LCM 越过礁石的。帕
特里克·麦基尔南(Patrick McKiernan)在书中记载了外国军
团是如何描述"一种被他们称为闪避潮的现象……根据他们的
判断,他们经历了反常的潮水现象。与往常不同,潮水似乎连续
好几小时没怎么发生变化"。

图 5.6　战争艺术家汤姆·洛威尔(Tom Lovell)创作了这幅震撼
人心的塔拉瓦战役进攻图,画面中的登陆艇搁浅在礁石上。美国海军
陆战队冒着枪林弹雨涉水前行 600 码,伤亡十分惨重。礁石上低浅的
水位让海军陆战队为了获得最终胜利付出了惨痛的代价

　　乔治·戴尔(George Dyer)上将分析说:"浅浅的珊瑚礁,或
者更恰当地称其为堡礁,像宽宽的围裙一样在贝提奥岛四周延
伸开来,这些堡礁是一个重大的隐患……所有人都了解可能会
出现'闪避潮',但大多数人认为 1943 年 11 月 20 日出现闪避潮
的可能性很小。"

图 5.7　1943 年 11 月 20 日，一架侦察机拍下了这张航拍图。我们可以清楚地看到航拍图的阴影部分，也就是礁石上的浅水

　　海军历史学家塞缪尔·莫里森（Samuel Morison）总结了潮水方面可能存在的问题："吉尔伯特群岛没有精确的潮汐时刻表。潮水是无法预测的。没人能够预知 11 月 20 日是否会出现所谓的'闪避潮'……要想预测当天出现的是大潮还是普通的小潮是不可能的……"

　　类似地，历史学家罗纳德·斯佩克特（Ronald Spector）总结道，这样的潮水是无法预测的："至于'闪避潮'，这是一种罕见的、本质上不可预测的现象。然而对于塔拉瓦战役中使用的登陆艇，即使潮水相差一英尺，也会造成重大影响。"

　　海军陆战队的 H. 史密斯（H. Smith）将军指出：

礁石是我们失败的原因,低水位造成了我军的大量伤亡……
只有使用 LVT 才可以上岸。 LCVP 和 LCM 搁浅在礁石上,距离
海滩 1 英里(约 1609.3 米)远……水泥炮位和碉堡上有几十把反舰
枪和机枪。 这些枪对着礁石和海岸之间不断开火,发动最后一波
攻击的士兵跳出船只,踏着染上血色的浪花,进入塔拉瓦环礁这
个旋转的红色地狱……日军从这无法解释的低潮中受益,而低潮
持续了两天。

塔拉瓦战役特工队总指挥官、海军少将哈里·希尔(Harry
Hill)在 1949 年写的一封信中表示产生异常潮水的原因尚不明
朗:"从策划的一开始,贝提奥岛礁石上的水位就被视为一个至
关重要的问题……出现小潮时,一般礁石上的水位可以达到 4
英尺(约 1.2 米)高……在没有明显原因的情况下,潮水偶尔会
出现异常情况……"

希尔在塔拉瓦战役 10 周年时写过一条同样的评论:"进攻
当天上午出现了异常的潮水情况,这是无法预测的——命运的
讽刺之处在于,行动发起时刻过去 48 小时之后,潮汐才按照登
陆前制作的潮汐时刻表发生变化。"

戴尔关于塔拉瓦环礁潮水的研究概括了有关塔拉瓦环礁
潮水的难题:"1943 年 11 月 20 日,塔拉瓦环礁的潮水并未和
往常一样。正如其他多变的自然现象一样,'谋事在人,成事
在天',潮水突然少了很多……潮流和攻击前的任何预测都不
相符。"

参与普林斯顿大学海军陆战队历史项目的两位历史学家在
撰写有关两栖战争的文章时,不得不得出这样的结论:"塔拉瓦

环礁的潮水问题及礁石上没有足够的水使 LCVP 和 LCM 漂浮起来的问题,可能永远没有令人满意的答案。"

近地点大潮和远地点小潮

但现在,我们得克萨斯州立大学团队可以对塔拉瓦环礁的潮水进行定性说明,并提供定量模型。天文学知识有助于解释为何潮水没能在 1943 年 11 月 20 日涨起来,也有助于我们理解在那个特殊的日子及那段特殊的潮汐期到底发生了什么。

大潮是潮差扩大的潮水,一个月会出现两次,分别在新月和满月前后。此时,日月连成一线,两者的引潮力互相配合,形成了更大的净效应。数千年来,水手们都了解这一效应,而且几乎每本基础天文学图书或航海指南都会讨论大潮。近地点潮也是潮差扩大的潮水,一个月会出现一次,此时月球位于近地点,即距离地球最近的地点,会向地球上的海洋施加最强大的引潮力。如果月球位于近地点时月相接近新月或满月,那么就会出现近地点大潮,潮差会异常大。在此类事件发生的前后几天内,大潮水位会异常高,小潮水位会异常低。当然,这并非塔拉瓦战役中出现的情况。

小潮是潮差缩小的潮水,每个月出现两次,此时月球呈现上弦月或下弦月的月相,日月之间的引潮力会相互抵消。远地点潮也是潮差缩小的潮水,每个月出现一次,此时月球位于远地点,即此时月球距离地球最远,向地球上的海洋施加的引潮力最小。如果月球位于远地点时月相接近上弦月或下弦月,那么就会出现远地点小潮,潮差会大大缩小。在此类事件发生的前后几天内,水位不会比平均水位高很多,也不会比平均水位低很多。这正是塔拉瓦战役中出现的情况。

通过计算机的计算,我们发现 1943 年里有两天,月球位于远地点,且与出现上弦月或下弦月的时间相隔不到 24 小时(见表 5.2)。

表 5.2　1943 年月球位于远地点且月相为上弦月或下弦月的日期

| 1943 年 4 月 12 日 | 上弦月在月球位于远地点的 7 小时之前出现 |
| 1943 年 11 月 19 日 | 下弦月在月球位于远地点的 13 小时之后出现 |

1943 年里,只可能在这两个日期前后几天出现潮差异常缩小的远地点小潮。11 月 19 日的天文学巧合正好发生于 1943 年 11 月 20 日,即登陆日上午盟军进行登陆之前。

计算塔拉瓦环礁的潮水

为了定量地确定塔拉瓦战役时的天文现象是如何影响水位的,我们得克萨斯州立大学团队采用了一种叫作“调和分析”的方法。这一潮汐计算方法要用到一组叫作“调和常数”的数字,而地球上每个港口的调和常数都是不同的,这些数字精确地描述了某一位置对太阳运动和月球运动的反应。

海军陆战队成功登陆之后,美国海军立即派出萨姆纳号(Sumner)海道测量船前往现场。12 月 5 日,萨姆纳号的船员架设了一个潮汐计,开始对塔拉瓦环礁的水位和潮汐模式进行一系列细致的观测。塔拉瓦环礁的调和常数可以通过 1943 年 12 月—1944 年 4 月的数据进行确定。

我们也为塔拉瓦环礁建立了调和分析模型,发现登陆日上午 9 时 20 分时(此时登陆艇开始在礁石边缘搁浅),水位高度为 3.1 英尺(约 0.9 米)。根据我们的计算,中午 12 时 31 分的时候出现了大潮,但是海水的高度仅上升至 3.8 英尺(约 1.2 米),比进攻前海军陆战队预测的水位要低得多,而且出现时间也要晚得多。事实上,从登陆日上午 9 点到深夜 10 点,我们算得的水位一直在平均水位(3.3 英尺,约 1.0 米)上下 6 英寸(约 0.2 米)范围内变化。这正是我们所说的潮差会大大缩小的远地点小潮。

这里需要强调一个容易被忽视的点。当时的情况并非塔拉瓦环礁出现了异常低的小潮。潮差缩小的一大重要影响是,大潮时潮水不会涨得很高,这才是塔拉瓦战役时出现的情况。

还需要强调的一点是,美国海军的专家是不可能在 1943 年 11 月之前进行我们所做的计算的,因此美国海军和海军陆战队策划者未能推算出登陆日当天的水位情况,这也是无可厚非的。二战中,美军策划者无从获得这些调和常数,即反映塔拉瓦环礁潮汐特征的一组数字,而且在被美军攻占之前,由于该岛是由日军控制的,美军也无法测得这些调和常数。

塔拉瓦战役的老兵

二战中,战地记者罗伯特·谢罗德在第五波进攻中跟着海军陆战队涉水来到进攻的海滩,并撰写了经典的有关塔拉瓦战役的亲历报道。谢罗德在一次塔拉瓦战役幸存者聚会上展示了我们的天文分析和潮汐分析结果,并将我们的分析结果描述为"一项真正的发现,解释了导致1000多名海军陆战队队员丧生的异常现象"。谢罗德等的反应证明,有关塔拉瓦的研究是将天文学知识应用于解释历史事件的最有趣、最重要的成果之一。

一直以来,塔拉瓦战役对美国海军陆战队的重要性是显而易见的。游客进入美国国家海军陆战队博物馆的中央展厅(见图5.8)后可以看到一幅名为《穿越塔拉瓦环礁》(*Across the*

图5.8 游客在参观弗吉尼亚州三角地区的美国国家海军陆战队博物馆的中央画廊时,可以看到这一名为《穿越塔拉瓦礁石》的作品。一辆LVT是这幅作品的重要组成部分,和塔拉瓦战役中美军抵达塔拉瓦环礁时坐的船很像

Reef at Tarawa)的原尺寸作品,其中的 LVT 冲破了一堵原木的防御墙。

1944 年的登陆日:诺曼底地区的月亮与潮水

为什么要将进攻诺曼底地区的登陆日选在 1944 年 6 月 6 日? 在午夜刚过的时候,伞兵空降到法国,空降团希望天空中出现暗淡的新月还是明亮的满月? 登陆日的月相如何? 月亮是在什么时候升起的? 为使爆破队员在主要的攻击波到来前摧毁海滩上暴露的障碍物,策划者是如何对月相要求与日出前后出现低潮的要求进行协调的? 当爆破队员在德军为阻挡盟军通往奥马哈海滩而设的路障上安装爆破装置时,潮水上涨的速度究竟有多快?

进军欧洲

1944 年 6 月 6 日凌晨,随着代号为"霸王"的综合行动的展开,空降部队降落到了诺曼底地区,登陆艇开始向海滩挺进,海空轰炸则动摇了德国的沿海据点(见图 5.9 和图 5.10)。德军在滨海隆盖(Longues-sur-Mer)有一台口径为 150 毫米的大炮,滨海隆盖是奥马哈海滩和黄金海滩之间的滨海地带。

图 5.9　这张宣传照来自 1962 年的电影《最长的一天》(*The Longest Day*)。照片显示,较早几波攻击中的士兵徒步挺进,穿越埋在地里的海滩障碍物,这些障碍物既有木桩,也有刺猬炮

图 5.10　德军位于滨海隆盖的口径为 150 毫米的大炮靠近海岸。照片中的得克萨斯州立大学团队成员分别为劳拉·布莱特(Laura Bright)、唐纳德·奥尔森、汉娜·雷诺兹(Hannah Reynolds)

为什么要将登陆日选在 1944 年 6 月 6 日呢? 无论在 5 月或 6 月的哪一天登陆,盟军都需要在整个夏天穿过法国,来到德国,以免秋冬的恶劣气候影响进军速度。进攻行动的策划者后来明确表示,他们选择 6 月 6 日这一天是考虑到月光、日出时间、月相等天文因素对潮水的影响。太阳和月亮的情况决定了潮汐的强度和高低水位分别出现的时间。当时,盟军需要在日出前后的低潮时登陆,而在诺曼底地区海岸的登陆区域,这样的低潮只出现在新月或满月之时。

1944 年的太阳、月亮和潮水

进攻部队最高指挥官德怀特·艾森豪威尔将军意识到,准备工作并未在 5 月里完成,于是将进攻推迟到 6 月。他解释了低潮的重要性:

> 我们认为下一次月亮、潮水和日出时间都适合进攻的情况发生在 6 月 5 日、6 月 6 日和 6 月 7 日。 我们希望在舰队的护送下连夜穿越英吉利海峡……我们希望空降袭击时天上会有月亮。在地面进攻之前,我们需要在白天进行大约 40 分钟的初步轰炸。由于必须清除暴露的海滩障碍物,我们必须在潮水较低时进攻。这些主要因素决定了我们要在上面所列出的大致的时间段登陆,但我们需要根据气象预测选出实际的日期。

切斯特·尼米兹(Chester Nimitz)上将在关于二战期间美国海军的叙述中,同样回忆了影响军事策划的月相和潮汐的重要性:

……开始寻找最适合登陆的自然条件。 他们希望登陆日之前是一个月光明亮的夜晚，这样空降师就能在日出之前进行组织，并实现他们的既定目标……至关重要的是潮水条件，潮水必须在初次登陆的时候上涨，这样登陆艇就能顺利完成卸载并撤退，没有任何搁浅的危险……但是潮水必须足够低，这样水下障碍物才能露出水面，方便爆破队员爆破。 最后的选择是在低潮出现的一小时之后进行登陆……因此，艾森豪威尔将登陆日定在 6 月 5 日，将行动发起时刻定为 6 时 30 分至 7 时 55 分之间，这样便能满足进攻海滩的不同潮水条件。

英国首相温斯顿·丘吉尔在他的回忆录里强调了天文和潮汐因素：

各方同意在月光下靠近敌军海岸，因为这有利于我们的空降部队降落。 登陆前也需要一段短暂的白昼时间，以便下达命令、部署小艇、进行精准的掩护轰炸……然后是潮水。 如果我们在涨潮时登陆，水下障碍物就会阻碍我们靠近海滩；如果我们在低潮时登陆，部队就要弃船穿越海滩……但还不止这些。 东部海滩和西部海滩之间的潮汐时间相差了 40 分钟，而且英军的登陆区域里还有一块暗礁。 我们不得不为每个区域设定不同的行动发起时刻，不同区域之间甚至相差了 85 分钟之多……每个太阴月里只有三天可以满足所有这些所需条件。 第一个三天……是 6 月 5 日、6 月 6 日和 6 月 7 日……如果这三天天气都不好，那么整个行动至少将推后两周——事实上，如果我们要等到合适的月光条件，那就要推后一整个月。

盟军最初计划在 6 月 5 日进攻,但当天天气不佳,于是推后了一天,将登陆时间定在了 1944 年 6 月 6 日上午。

计算登陆日的太阳和月亮

计算机的计算结果表明,6 月 6 日是满月,因此 6 月 5—6 日夜晚的月光和计划中的一样明亮。6 月 5 日日落的 1.5 小时之前,月亮升到了空中。随后一轮接近满月的月亮(99%的部分被照亮)穿过天空,在凌晨 1 时 22 分达到了当天晚上的至高点,此时空袭刚刚开始。在凌晨 1 时 15 分到 1 时 30 分之间,第 82 空降师和第 101 空降师开始空降,月光斜斜地照下来,足以照亮下方的地面。探路的士兵则在大约一小时以前跳了下去。

第 82 空降师的詹姆斯·加文(James Gavin)准将描述了他看到的场面。当他的 C-47 飞机靠近圣梅尔-埃格利斯(Sainte-Mère-Église)以西的空降区时(见图 5.11),加文可以清楚地看到下方的地面:"诺曼底地区村庄里的道路和小片房屋在月光下格外醒目。"

图 5.11　圣梅尔-埃格利斯是第一个被解放的法国村庄。左：这块非同寻常的圣梅尔-埃格利斯的教堂玻璃描绘了盟军部队空降到圣母玛利亚两侧的画面。玻璃底部的题词是："纪念为解放圣梅尔-埃格利斯和法国而英勇牺牲的人们。"右上：这座教堂在今天的风貌。右下：登陆日，二等兵约翰·斯蒂尔（John Steele）的降落伞挂在了教堂上。他在那里悬了好几小时，靠着装死活了下来。这也成了 1962 年的电影《最长的一天》中的一幕。为纪念这一著名事件，教堂的塔尖上如今悬挂着约翰·斯蒂尔的人体模型

　　如表 5.3 所示，军事策划者计划在日出前明亮的曙光中在法国沿海开展初步的海上轰炸，并将奥马哈海滩的行动发起时

刻安排在日出后不久潮位上涨的时候。

表5.3 1944年6月6日的奥马哈海滩。盟军在登陆日采用的是英国夏令时,比格林尼治标准时间早了2小时

凌晨5时17分	开始出现曙光
凌晨5时23分	低潮暴露了奥马哈海滩上的障碍物
凌晨5时50分	奥马哈海滩的海上轰炸开始
凌晨5时59分	日出
上午6时30分	奥马哈海滩上第一波攻击的行动发起时刻,爆破队员两三分钟后跟进
上午10时12分	高潮淹没了海滩,几乎涌上了防波堤

登陆日潮水的重要性

美国地面部队指挥官奥马尔·布拉德利(Omar Bradley)将军认为,潮汐条件甚至比月光和日出时间更重要:

在潮汐问题上,军队必须坚持己见,决不能在这方面让步。诺曼底地区的海滩每天会有两次被来自英吉利海峡的巨潮淹没,水位从低位到高位大约会上涨19英尺(约5.8米)。低潮时,海滩上的防御工事暴露在潮湿的沙架后面0.25英里(约402.3米)多的地方。高潮时,来自英吉利海峡的潮水几乎会漫过奥马哈海滩后面的防波堤。

……

如果没有隆美尔(Rommel)将军在诺曼底地区的海滩上设置

的水下障碍，这个选择原本会非常简单，军队会选择在高潮时登陆。 但现在，如果我们在高潮时航行，这些障碍物就会缚住我们的舰艇，把它们从中间撕裂开来。 这样进攻就可能会失败……经过反复测试，我们终于了解到，炸毁水下障碍物需要30分钟的时间。 爆破队员会在至多2英尺（约0.6米）深的水中炸掉这些障碍物。 由于潮水以每15分钟1英尺（约0.3米）的速度上涨，上涨2英尺的时间就是30分钟。

这样一来，问题就迎刃而解了。 我们会在潮水上涨到障碍线时发起进攻，在潮水上涨得过高之前，为爆破队员留足至少30分钟的时间来清除障碍。 然后，接连而来的攻击波会通过障碍带的裂口，顺着上涨的潮水靠近防波堤。

英国地面部队指挥官伯纳德·蒙哥马利（Bernard Montgomery）将军对清除海滩障碍物的重要性表示认同："海滩上有很多障碍物，我们必须在干旱的条件下（即不是在水下）处理它们……至少得为此留出30分钟。"

此次"霸王"行动的成败就在于爆破队员能否为随后登陆艇上的大规模进攻部队扫清道路。 由于月相决定了潮汐时间，"霸王"行动中海滩障碍物的清除会受到天文因素的显著影响。

海滩障碍物

在诺曼底地区的海滩上，进攻部队遇到了好几种预埋的障碍物（见图5.12、图5.13和图5.14）——木桩、坡道、刺猬炮、四面体和比利时门。木桩就是一些深埋在沙子里的桩子，斜向大海，顶上是水雷。坡道由朝着海岸向上倾斜的木材搭成，支撑的

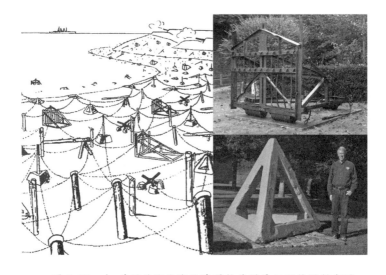

图 5.12 左:德军的这份海滩障碍物计划展示了接近低潮时,海滩上木桩、坡道、刺猬炮、比利时门和四面体用带刺铁丝相互连接起来的画面。右上:奥马哈海滩纪念馆保存的比利时门。右下:笔者和诺曼底战役纪念馆收藏的四面体海滩障碍物的合照

木材呈倒"V"形,坡道会让驶入的登陆艇滑上斜坡,触爆顶部的水雷。刺猬炮高约 4 英尺(约 1.2 米),由三块角钢组成,在中间交叉连接成"X"形。四面体就像四个面的金字塔。根据爆破队员卡尔·哈根森(Carl Hagensen)上尉的说法,最难爆破的预埋障碍物是比利时门:

比利时门是由 14 英尺(约 4.27 米)长的钢管支架支撑起的面向陆地的格状表面钢门。格状表面高 10 英尺(约 3.05 米),宽 10 英尺,厚 0.5 英寸(约 0.01 米),整个结构由 6 英寸(约

0.15 米）角钢构成焊接并由螺栓固定而成，总重量大约为 3 吨。这些庞然大物可在低潮时借着轮子滚到海滩上，它们足以抵挡任何浪花。

针对比利时门，哈根森发明了装有 C-2 这一新研发的塑性炸药的帆布包。为炸毁每扇门，爆破队员在比利时门不同的位置上一共绑了 16 个这样的炸药包，由导火线同时引爆。

在越过海滩障碍物之后，盟军会看到干沙，海浪冲刷下光滑的鹅卵石海岸，以及顶部装有铁丝网的防波堤。海滩上，平坦的草地一直延伸到陡峭的悬崖边，那里是德国守军建立据点的地方。

奥马哈海滩上的爆破部队

最早一批进攻部队计划在上午 6 时 30 分登陆，然后向防波堤和悬崖挺进。爆破队员会在两三分钟后跟进。在奥马哈海滩西端附近，军官比尔·弗里曼(Bill Freeman)指挥着一支由陆军和海军共同组成的高效联合团队：

弗里曼的登陆艇"嘎吱嘎吱"地开上了倾斜的沙滩，然后放下了斜坡，他看了看表——6 时 33 分……

士兵们背着 40 磅（约 18.1 千克）的炸药包，身着战斗服，跳入了齐腰深的水中，涉水向着前方沙滩上 10 英尺（约 3.0 米）高的钢门挺进。坡道放下后，狙击手的火力更猛，士兵们立即赶到了比利时门这一不太牢靠的掩体处。

……

爆破队员用团队的 C-2 炸药炸毁近海一线的比利时门。弗里曼和海勤人员穿过比利时门，在枪林弹雨下炸毁了后面几排的比利时门，以及混合设置的坡道和木桩。他们是第一批在这片海滩上登陆的士兵。

……

图 5.13　登陆日之前，隆美尔将军和一群德国官员在法国海岸边检查海滩障碍物。照片中展示的是坡道，图片右上角有几个木桩，图片左上角还有比利时门

在涌动的浪花前方，枪炮军士长鲍勃·巴斯（Bob Bass）在障碍物之间来回奔跑，解开沉沉的一卷导火线，将导火线绑在障碍物上，将障碍物互相连接起来……他看向弗里曼，等着他下达开火的信号……弗里曼最终发出了信号——此时距离团队登陆已过 20 分钟——然后，巴斯拉开了导火线。紫色的警示信号烟在空中袅袅升起。

"准备行动！"弗里曼大声喊道。

在卧倒的士兵听来，巨大的吼声盖过了周围一切声音。在整片区域里，水花四溅，硝烟弥漫，木头、沙子和钢铁飞向空中……这片区域被炸了个一干二净。

图 5.14　这张战时地图曾被用于诺曼底战役的策划过程，更新于距登陆日不到一个月的时候，展现了奥马哈海滩东部区域的情况，其中，布置了海滩障碍物的区域用其他颜色标了出来

于是,团队报告已成功清除间隔区域的障碍。不过,没有多少爆破部队能够如此幸运。当天上午,在奥马哈海滩整个前部需要爆破的 16 条通道里,只有 5 条清除了障碍。

另一次成功的行动发生于奥马哈海滩上的绿简易区(Easy Green)。爆破队员在抵达这里后发现,步兵被困在障碍物之间,同时又把障碍物当作掩体,用于抵挡来自岸边的猛烈炮火。爆破队员放好了炸药,然后"走到军队中间,一次拉一根引信,对着士兵大喊,要他们赶快撤退,否则两分钟内就会被炸飞。他们撤退到 50～100 码(约 45.7～91.4 米)不等的区域,车辆便开始通行"。

但是,向前涌动的潮水很快便把步兵和爆破队员赶到了防波堤上。此次行动的死伤非常惨重,负责绿简易区的爆破队员后来总结说,奥马哈海滩上没有什么是"简易"的。

事实上,其他大部分海勤人员由于洋流、错误的导航、机械问题及猛烈的炮火而出现了延误的现象。上午 7 点以后,潮水上涨得非常迅速,姗姗来迟的爆破队员不得不放弃炸毁障碍物的计划,涉水上岸,等待下午的低潮。

小说家欧内斯特·海明威曾是《科利尔杂志》(Collier's)的战地记者,他曾看到过留在海滩上的障碍物。他想起了在进攻计划中听到的承诺:"'军队会在最初的 30 分钟内清除障碍和水雷,'莱希队长对我说,'他们会在其中为登陆艇开辟出道路来。'"

然而,当海明威的船靠近奥马哈海滩时,情况却发生了变化:

　　我们很难穿过埋在地上的木桩障碍物，因为那些木桩上固定着接触式水雷，它们看上去就像两个大馅饼盘被正对着固定在了一起。它们看起来好像是被钉在柱子上然后组装起来的。那是一种难看的、暗淡的灰黄色，战争中几乎所有东西都呈现这种颜色……那些我们能看到的，我们就用手挡开了……著名的 30 分钟清道行动就像一个神话，而且现在，随着高潮的来临，木桩都被淹没了，前进的道路异常艰难。

计算登陆日的潮水

　　为了解诺曼底战役登陆日的潮水情况，我们得克萨斯州立大学团队编写了程序来计算贝桑于潘港（Port-en-Bessin-Huppain）的潮位（见表 5.4）。贝桑于潘港是一座位于奥马哈海滩正东面的小渔村。

　　计算结果显示，上午的潮差约为 18 英尺（约 5.5 米）。或许诺曼底地区潮位曲线最有趣的特征就在于它的不对称性，潮水在大约 5 小时内从低水位迅速上升到高水位，然后在接下来的 7.5 小时内缓慢下降。

　　表 5.4　1944 年 6 月 6 日奥马哈海滩东端附近贝桑于潘港的潮水水位。表格中的时间采用的是英国夏令时，比格林尼治标准时间早了 2 小时

凌晨 5 时 23 分	低水位
上午 10 时 12 分	高水位
下午 5 时 42 分	低水位

潮水的迅速上涨会产生非常重要的影响。行动发起时刻是上午6时30分,在接下来的30分钟里,水位上升了2.4英尺(约0.7米),而在这段时间里,本可以登陆的爆破队员还在艰难地装炸药,障碍物仍然暴露在海滩上。到了上午7点,潮水每10分钟便上涨1英尺(约0.3米),速度惊人。而在上午7点之后,潮水上涨的速度更快了。因此,即便是稍稍的延误,也会造成严重的后果。潮水的计算结果有助于我们理解为何在被前进的潮水赶上岸之前,爆破队员只清除了奥马哈海滩上的5个障碍物区域(按原计划需要清除16个)。

从包括空降袭击所需的明亮月光在内的天文和潮水因素来看,进攻诺曼底地区的日期必须位于满月前后。然而,在满月的引力效应下,潮水快速上涨,造成了爆破部队延误数分钟的问题。剩下的布满海滩障碍物的区域使随后的攻击波失去了势头,并使奥马哈海滩获得了"血腥奥马哈"的称号。

1945年的印第安纳波利斯号:月光下的黑影

在将广岛原子弹运送到天宁岛上的美国B-29空军基地后不久,美国海军印第安纳波利斯号重型巡洋舰在1945年7月29—30日午夜时分被鱼雷击沉。身穿救生衣的幸存者在大批鲨鱼出没的菲律宾海域漂浮了数日。他们的可怕经历为许多图书及电影《大白鲨》中的著名台词提供了灵感。

那么,日军的伊-58号潜艇是如何发现美国重型巡洋舰印第安纳波利斯号的呢?那天晚上的月相是什么?月亮是何时升起的？月光的照射方向又对印第安纳波利斯号的沉没产生了怎样的重要影响？

印第安纳波利斯号的沉没

当导航员爬过舱口，走到驾驶台上方，用双筒望远镜在夜色中仔细查看时，潮水从浮出水面的日军伊-58号潜艇的两侧倾泻而下。导航员几乎马上在月下的地平线上发现了一个黑影，并高声喊道："红九0°方向，疑似敌舰出没！"在不超过三刻钟之后，一艘美国重型巡洋舰开始沉向海底。二战期间，作战双方在太平洋上损失了许多舰艇，而印第安纳波利斯号的沉没却显得格外特殊，其原因可以归结为两个词组：广岛原子弹和大白鲨。

在曼哈顿计划中，用于研制原子弹的铀235被生产出来，准备运往前方战区。美国海军派出了印第安纳波利斯号来完成运送任务。印第安纳波利斯号在1945年7月16日离开旧金山的猎人角（Hunters Point），高速向前航行，在7月19日到夏威夷的珍珠港加油，然后在7月26日继续向马里亚纳群岛的天宁岛驶去。印第安纳波利斯号运载着铀235和原子弹的击发装置。8月6日，B-29艾诺拉·盖号（B-29 Enola Gay）轰炸机将这颗原子弹投放到了日本的广岛。

将货物运送到天宁岛之后（见图5.15），舰长查尔斯·麦克维（Charles McVay）驾驶着印第安纳波利斯号到关岛加油，并在那里收到了继续前往菲律宾莱特岛（Leyte）的命令。7月29日至30日的午夜，当印第安纳波利斯号行驶至菲律宾海中心附近时，伊-58号潜艇投放的两颗鱼雷在印第安纳波利斯号的右

图 5.15 上：1945 年 7 月 10 日美国加利福尼亚州马雷岛（Mare Island）外的印第安纳波利斯号重型巡洋舰。6 天后，印第安纳波利斯号驶离旧金山，载着广岛原子弹疾速横跨太平洋。这张照片被许多人误认为是印第安纳波利斯号的最后一张照片。下：拍摄于 1945 年 7 月 26 日的天宁岛，当时，印第安纳波利斯号刚将原子弹运到岛上。这张图可能才是印第安纳波利斯号的最后一张照片

侧炸开（见图 5.16）。当时，印第安纳波利斯号上共有 1197 人，约有 300 人死于爆炸或坠海，剩下的近 900 人漂浮在有大批鲨鱼出没的海域上。

四天以来，美国海军都没有意识到印第安纳波利斯号已经沉没。8 月 2 日，一架洛克希德文图拉（Lockheed Ventura）

图 5.16　正如海事艺术家理查德·德罗斯特描绘的那样,1945 年 7 月 30 日凌晨 0 时 03 分左右(印第安纳波利斯号时间),由于发生了两次大爆炸,印第安纳波利斯号右侧水柱喷溅,火光通天。日军的伊-58 号潜艇从 1500 米以外的地方发射了 6 枚鱼雷,其中 2 枚击中目标,这正是画中所描绘的情形

飞机的飞行员碰巧发现了印第安纳波利斯号的船员,接着,附近的军舰响应了警报,救起了精疲力竭的水手,并将他们送往医院。美国海军震惊地发现,印第安纳波利斯号上最后仅幸存 317 人。

许多人是通过史蒂文·斯皮尔伯格 1975 年的电影《大白鲨》中令人难忘的场景了解到这场灾难的。电影中,罗伯特·肖

(Robert Shaw)饰演的昆特(Quint)在和理查德·德赖弗斯(Richard Dreyfuss)饰演的鱼类学家马特·胡珀(Matt Hooper)分享以前遭遇鲨鱼的经历时,讲述了他和战友们在命运多舛的印第安纳波利斯号上的悲惨经历。

月光的问题

考虑到悲剧的严重性,作者们一般比较关注当事人的故事。不少图书和文章中都提到了月光的问题,但其中的细节往往不够清晰、不够完整,甚至自相矛盾。例如,丹·库兹曼(Dan Kurzman)曾提到,晚上 7 时 30 分,两名高级船员站在印第安纳波利斯号的驾驶台上,仔细观察着天空中厚厚的云层,偶尔看到"半边月亮透过云层,散发着明亮的光辉"。然而,理查德·纽科姆(Richard Newcomb)的一项开拓性研究表明,当天晚上的月亮直到深夜 10 点半才升起。更加令人困惑的是,纽科姆接着告诉读者"7 月 29 日深夜 10 时 30 分,月亮会出现在印第安纳波利斯号东方的天空,距地平线 23°左右",这和前文中他的说法自相矛盾。雷蒙德·莱赫(Raymond Lech)则在他的书中提到,1945 年 8 月 1 日是满月。如果这一说法为真,那就意味着在印第安纳波利斯号沉没当晚,天空中挂着一轮明亮的盈凸月,月亮大于 90% 的部分被照亮,散发着皎洁的月光。但是其他作者的说法和一些配图显示,印第安纳波利斯号上空出现了一轮弯弯的残月。有本杂志曾经总结道,当晚有"几缕月光",但"当晚月光的亮度存在争议",这可能弱化了有关月光的不同说法之间的矛盾。

对于这些不同的版本,我们得克萨斯州立大学团队有些疑惑——1945 年 7 月 29 日的天文条件到底是怎样的呢?月亮在何时升起呢?月光究竟有没有对印第安纳波利斯号的沉没产生重大影响呢?

伊-58 号潜艇

伊-58 号潜艇的指挥官桥本以行曾就其战时经历写过一本书,他的回忆证明了月光的重要性。对于 1945 年 7 月 29 日的夜空,他回忆道:"暮色四合,能见度降低 ……几乎到了伸手不见五指的程度。我们决定等待能见度提高,于是下潜以待月出。"

深夜 11 时 05 分,桥本指挥伊-58 号潜艇(见图 5.17)开到了海面上:

> 我命令将夜视潜望镜升到水面上方,此后迅速地看了看四周的情况。能见度提高了不少,几乎可以看到地平线。当时,月亮高高地挂在东边的天空上,周围几乎没有云……我下达命令,"浮出水面"……上层甲板刚与海面持平,我便立即下令打开指挥塔的舱门。立于一旁的信号员打开舱门,爬到了驾驶台上方,跟在其后的便是领航员。我自己正盯着夜视潜望镜……这时,领航员喊道:"红九 0°方向,疑似敌舰出没。"我降下潜望镜,向驾驶台走去,把双筒望远镜转向领航员所指的方向。毫无疑问,在月光的照耀下,地平线上有一个黑点清晰可见。我下令:"下潜。"

由于伊-58 号潜艇当时正向南巡航,从潜艇艇首的左侧或

左舷来看,位于红九 0°方向的印第安纳波利斯号应该位于伊-58
号的东边。

桥本还在他的证词中提供了其他细节。他的证词在 1945
年针对印第安纳波利斯号舰长麦克维的军事审判中,由翻译员
以第三人称的形式记录了下来。当时,他被问到伊-58 号为何
在 23 时 05 分浮出水面:

答:他认为那时能见度会提高,月亮会出来,于是他把潜艇
开到水面上来。他随即在月光下辨认出一个黑色物体,便立刻疾
速下潜,然后调转船头,朝黑影的方向开去。

问:当他看到这个黑色物体的时候,他有没有估计这个黑色
物体与伊-58 号潜艇之间的距离?

答:当时他估计大约距离 1 万米远。

问:在他现在看来,当时他的潜艇相对于黑色物体的位置
如何?

答:他仍然确定黑色物体在大约 1 万米远的地方,目标方位
是真方位角 90°………

上面提到的"目标方位是真方位角 90°"证明,重型巡洋舰位
于潜艇的正东方向。桥本在"月下"发现了印第安纳波利斯号的
黑影之后,他是这么做的:

问:他看到这个黑色物体之后做了什么?

答:下潜并朝物体开去,准备发射鱼雷……

问:这段时间的平均速度是多少?

答:平均航速约为 3 节(约 5.6 千米/时)……

图 5.17　上：伊-58 号潜艇是 B-3 型潜艇，总长度为 108.9 米。下：伊-58 号潜艇驾驶台上的瞭望员在吃水线 25 英尺（约 7.6 米）以上的位置使用双筒望远镜观察到 10 英里（约 16.1 千米）以外的印第安纳波利斯号重型巡洋舰。这张照片拍摄于 1946 年 4 月 1 日，不久之后，伊-58 号潜艇在日本佐世保市外的水域被炸沉

问：然后他又做了什么？

答：……当目标位于……1500 米以内时，他发射了鱼雷……

问：他在看到目标多久之后发射了鱼雷？

答：大约 27 分钟之后。

桥本在审前采访中被问及他是如何看到印第安纳波利斯号的。他回忆了月下极佳的能见度：

问：在这 27 分钟内，能见度如何？

答：在月光的照耀下，我可以看到地平线。 其他地方能见度较低，我看不清楚地平线。

桥本以扇形的阵形发射了 6 枚鱼雷，大约 1 分钟后，印第安纳波利斯号的右侧水柱喷溅，火光通天。

计算月球的位置

我们得克萨斯州立大学团队想要计算月球的位置、深夜 11 时 05 分时水中月亮倒影的方向，以及伊-58 号上的瞭望员首次发现印第安纳波利斯号的时间。天文馆软件现在已经可以广泛下载，且被用于此类计算，但这些程序需要输入一些信息：观察者的位置(即经度和纬度)、日期、时区和时刻。

关于位置，一些探险队试图将印第安纳波利斯号的残骸在大洋底部进行定位，但至今仍未成功。就目前来看，1945 年美国海军估计的大致位置最为恰当，即在发现幸存者的位置的基础上，考虑这些幸存者在盛行风和洋流的影响下漂流四天以上的因素。按照这样的算法，印第安纳波利斯号大约在东经 134°48′、北纬 12°2′的位置沉没。

确定二战中太平洋上发生的事件的正确发生日期、时区和时刻的难度很大，部分原因在于国际日期变更线正好穿过了太平洋的中心。例如，几乎每个美国人都知道珍珠港事件的发生日期是 1941 年 12 月 7 日，但正如前文所述，日本历史教科书中给出的日期却是 1941 年 12 月 8 日！

对于印第安纳波利斯号，我们看到的大部分图书和文章将疾速运送原子弹的时间描述为 10 天,其中 3 天从旧金山开到珍珠港,接下来的 7 天则从夏威夷岛开到天宁岛。但这些内容显然都忽视了国际日期变更线的问题。经过我们的重构,从珍珠港出发到天宁岛,大致需要在海上度过 140 小时,或者说 5.8 天,考虑到国际日期变更线才正好是 7 天。

为确保我们得克萨斯州立大学团队能够正确计算出印第安纳波利斯号沉没当晚的月相,我们仔细整理了时区、时刻,以及印第安纳波利斯号和伊-58 号使用的日历系统。我们还查询了 1945 年西太平洋港的潮汐和光线表、印第安纳波利斯号的无线电信息及其未完成的从关岛到莱特岛的路线指示、日本海军有关伊-58 号最后一次战斗的正式记录、战后沉船调查中美国海军军官对伊-58 号潜艇指挥官进行的几次审讯的文字记录,以及美国海军正式调查的文字记录。

通过大量第一手资料,我们可以得出结论,伊-58 号首次在 1945 年 7 月 29 日发现了印第安纳波利斯号。我们将伊-58 号的时区设置为"I",也就是比格林尼治标准时间早了 9 小时(之所以命名为时区"I",是因为"I"是字母表中的第 9 个字母),因此,伊-58 号发现印第安纳波利斯号这艘重型巡洋舰的具体时间为深夜 11 时 05 分。美国海军方面记录的印第安纳波利斯号被发现的时间则为深夜 11 时 35 分,所以重型巡洋舰上的时区为"I*",也就是比格林尼治标准时间早了 9.5 小时。潜艇时间和重型巡洋舰时间之间这半小时的差异对于比较日军和美军叙事的时间线而言至关重要。对比双方记录下的时间,我们还得到了一个有趣的结果——鱼雷击中目标的时间既可以被认定为 7 月 29 日深夜(伊-58 号潜艇时间深夜 11 时 33 分),也可以被认定为 7 月 30 日凌晨(印第安纳波利斯号重型巡洋舰时间凌晨 0 时 03 分)。因为事件发生于午夜左右,所以需要非常仔细地核查第一手资料,确定正确的日期和时间。在分析日期和时间之后,我们得出了两个有关月相和月光方向的有趣结论。

印第安纳波利斯号重型巡洋舰在月光下的轮廓

我们得克萨斯州立大学团队的研究结果表明,伊-58 号的瞭望员在一轮明亮的亏凸月下首次发现了印第安纳波利斯号,当时的月亮比东方的地平线高出 15°,指南针方向为东偏南 6°。我们得出的月球亮度系数为 75 ％——这可能会让很多人感到惊讶,以往的研究者几乎提到了每种可能的月相,似乎提到最多的是"半月"这一口语词,但是我们计算机的计算结果显示,实际上有 75 ％的月球表面被照亮(见图 5.18)。

月球的亮度十分重要,但更重要的是月球的方向。印第安纳波利斯号在伊-58 号东边,这和明月升空的方向相同。因此,伊-58 号潜艇、潜艇东边的印第安纳波利斯号重型巡洋舰、东方地平线附近升起的月亮,三者几乎完美地位于一条线上。如果当伊-58 号浮出水面时,印第安纳波利斯号正向北或向南驶去,那么美国海军的悲剧性事件就不会上演。正如当天晚上发生的那样,伊-58 号上的瞭望员透过双筒望远镜很容易就能在被月光照亮的东边天空下看到一个黑色的轮廓,这个轮廓就在水面反射出的、闪闪发光的月亮倒影的上方。

图 5.18　这张照片显示的是亏凸月,月亮大部分被照亮,这和鱼雷击中印第安纳波利斯号前不久升到天空中的月亮的月相相同

印第安纳波利斯号的距离

我们得克萨斯州立大学团队还希望计算出伊-58 号潜艇发现印第安纳波利斯号重型巡洋舰时其与重型巡洋舰之间的距离。

根据 1945 年桥本的证词,几乎所有以前的研究者都给出了相同的数据:1 万米(相当于 10.0 千米、5.4 海里或 6.2 英里)。但桥本在 1954 年出版的书中明确表示,印第安纳波利斯号当时只是地平线上的一个黑点,这一数据只是一个非常粗略的估计。桥本承认,在最初发现这艘军舰之后的一些时间段内,他无法准确地估计伊-58 号与印第安纳波利斯号之间的距离,因为他不知道他看到的是一艘巡洋舰、战列舰还是其他等级的军舰。

要想确定伊-58 号潜艇初次看到印第安纳波利斯号巡洋舰时两船之间精确的距离,这似乎是不可能的。但事实上,这一计算较为简单,因为相关的速度和时间是已知的。

在美国海军调查文件中,爆炸前的印第安纳波利斯号位于"262°真方位角的稳定航线上,航速为 17 节(约 31.5 千米/时)"。日军的记录证实,桥本在夜视潜望镜中观察了印第安纳波利斯号 27 分钟,其间伊-58 号以 3 节的速度向前缓慢航行,接着伊-58 号发动鱼雷阵,1 分钟后,鱼雷击中了目标。如此,只需运用最简单的公式就可以计算出两者的距离:距离=速度×时间。在 28 分钟的时间区间内,印第安纳波利斯号沿着航线行驶了 14.7 千米,向西行进了 14.6 千米。伊-58 号则沿着"S"形曲线向前航行并发射了鱼雷,向东移动了 2.0 千米。因此,潜艇初次看到重型巡洋舰时两船之间的距离必定接近 1.66 万米(等于 16.6 千米、9.0 海里或 10.3 英里)。之所以伊-58 号能在这么远的地方外看到印第安纳波利斯号,是因为从伊-58 号望去,印第安纳波利斯号和升起的月亮几乎位于一条线上。

印第安纳波利斯号的能见度

1945 年 7 月 29—30 日的夜晚到底是明是暗？能见度到底是高是低？目击者站立的位置不同，观察的时间不同，观察的方向不同，他们的回答也大相径庭。理查德·雷德梅恩（Richard Redmayne）上尉在针对麦克维的审判中作证，深夜 11 点到午夜"月光时有时无，云朵没有挡住月亮时能见度高，云朵挡住月亮时能见度低"。

在印第安纳波利斯号的前方，西边的天空和海洋是最黑暗的，而在它的正后方，东边的天空和海洋几乎是最明亮的，因为月亮正从东边的天空冉冉升起。伊-58 号正好处于一个完美的位置，可以在被月光照亮的天空下、海面反射的闪闪发光的月亮倒影中看到印第安纳波利斯号的黑色轮廓，而自己却可以不被看到。

与之前提到的各种月相——最常见的就是"半月"——及两船初次接触时相距 1 万米等研究相比，我们得出的天文学研究结果和地形学研究结果前所未有。我们发现，月球实际上有 75％的部分被照亮，而且月亮升起 65 分钟以后，月光足以使伊-58 号上的瞭望员在 1.66 万米以外发现逆光前行的印第安纳波利斯号。

在水域旁边的人可以看到一轮明月升到了水面上，从而可以更好地欣赏二等兵克拉克·西伯特（Clarke Seabert）看到的情景。当时，西伯特走出印第安纳波利斯号的暗室，在船被鱼雷击沉之前，坐到了驾驶台右翼上的瞭望椅上。在针对麦克维的军事审判中,西伯特回忆了闪闪发光的月亮的倒影:"嗯,我现在唯一能记得的就是水面上月亮的光芒,因为我记得我和当时一起值班的辛克莱(Sinclair)说,那天晚上在外面感觉很不错。"

西伯特不是唯一看到月亮倒影的人。自月亮从云层后面出来的那一刻起,印第安纳波利斯号的悲剧就注定了。伊-58 号上的瞭望员用双筒望远镜观察着一直延伸到东方地平线的月亮的倒影,然后领航员喊道:"红九 0°方向,疑似敌舰出没!"

第三部分
文学中的天文学

CELESTIAL SLEUTH

❻
1800 年前的文学天空

从古至今,作家们创作了许多有关太阳、月亮、恒星、行星和其他天体的诗歌、故事、戏剧和小说。在本章讨论的几个例子中,我们考察了实际的天象是否激发了这些例子中文学作品的创作灵感。

杰弗里·乔叟是一位经验丰富的天文爱好者,精通 14 世纪的科学,著有《论星盘》(*A Treatise on the Astrolabe*)。乔叟在《坎特伯雷故事集》中描写天象的段落或许是英国文学描写天象的段落中最复杂、最细致、最有趣的。在自由农讲述的故事中,中心情节部分详细描述了有关月球位置的天文计算。月球引起的高潮漫过了法国布列塔尼地区(Brittany)海岸上的所有岩石。那么,太阳、月球和地球排成一列,产生极端引潮力的频率有多高? 乔叟在他的一生中曾经见到过这样的事件吗?

威廉·莎士比亚在《哈姆雷特》的第一幕中描述了一颗在天空中"燃烧"的明亮的星星。我们应该如何利用戏剧中有关季节、视角和夜晚时间的线索来确定这颗闪闪发光的天体呢?

莎士比亚、以丹麦为背景创作的戏剧《哈姆雷特》和丹麦天文学家第谷·布拉赫(Tycho Brahe)三者之间可能存在怎样的联系呢?《哈姆雷特》中的天体到底是恒星、行星,还是其他更加不寻常、更加壮观的天体呢?

威廉·布莱克在他的名诗《虎》的开头这样写道:"虎,虎,光焰灼灼燃烧在黑夜之林。"以往的学者表示,此诗的其他几行可能暗指流星雨。我们得克萨斯州立大学团队查阅了 18 世纪晚期以来的科学文献,找到了明确的证据来支持这一大致的论断。布莱克在诗中写道:"当天上的群星投下长矛,用泪水浸湿了天空。"18 世纪晚期的哪几场流星雨赋予了布莱克创作这些诗句的灵感? 在布莱克所处的时代里,哪场流星雨能被人们称为"圣劳伦斯的火焰之泪"? 布莱克可能看到了哪些流星雨和壮观的火流星呢?

乔叟和《自由农的故事》中的高潮

杰弗里·乔叟是一位经验丰富的天文爱好者,精通科学,著有《论星盘》。在他的著作《坎特伯雷故事集》中,《自由农的故事》的中心情节部分涉及有关月球位置的天文计算,其中还提到高潮漫过了布列塔尼地区海岸上的所有岩石。那么,太阳、月球和地球排成一列,产生极端引潮力的频率有多高? 乔叟在他的一生中发现过这样的事件吗?

乔叟和《坎特伯雷故事集》

1400 年,英国诗人杰弗里·乔叟(见图 6.1)去世,留下了尚未完成的《坎特伯雷故事集》。书中朝圣者一行人中的每个人都要讲述一个故事,其中涉及了非常复杂但又颇有意思的天文景观。

图 6.1 在 1896 年版的《乔叟作品集》中,爱德华·伯恩-琼斯(Edward Burne-Jones)爵士的木刻版画描绘了乔叟手拿星盘解释夜空的场面

在《自由农的故事》中,中心情节部分提到了非常有趣的天文现象。住在布列塔尼地区海岸边的贵妇朵丽根,在她的丈夫武士阿浮拉格斯离家前往武艺场求取荣誉时悲伤忧愁。她走到了她家堡宅附近的悬崖上,看到了峥嵘的黑岩(见图 6.2)。这些黑色的岩石已使众多水手丧生,当她的丈夫从英格兰归来时,

这些岩石也会威胁到他的生命。与此同时,一位名为奥蕾利斯的青年暗恋着朵丽根,他终于鼓起勇气向她表白,并乞求她的爱怜。朵丽根开玩笑地回复他说,如果他能移走布列塔尼地区海岸上的所有岩石,她就投入他的怀抱(见图 6.3)。

图 6.2 爱德华·伯恩-琼斯爵士创作的描绘朵丽根和岩石的木刻版画,收录在 1896 年版的《乔叟作品集》中

奥蕾利斯最初感到非常绝望,但接着他返回家中,祈求太阳与月亮相互配合,引起异常高的浪潮,没过岩石,从而让朵丽根遵守她的诺言。奥蕾利斯特别提到,潮水必须高涨至 5 英寻(约 9.1 米)或以上,没过布列塔尼地区岸边最高的岩石。然而,春夏两季并未出现这样的高潮,奥蕾利斯在徒劳的等待中日渐憔悴。最终,奥蕾利斯和他的弟弟前往奥尔良,向一位了解许多天体知识的学者求教。学者同意帮助奥蕾利斯,但需要他支付一

图 6.3　维里克·高布（Warwick Goble）创作的描绘布列塔尼地区岸边的朵丽根和奥蕾利斯的插画，收录在 1912 年的《乔叟作品集》中。《自由农的故事》的中心情节涉及运用复杂的天文计算来确定出现极高浪潮的时间，届时，潮水将漫过布列塔尼地区岸边峥嵘的岩石

大笔金钱。然后，三人前往布列塔尼地区的海岸。在这里，学者似乎"通过他的魔术"使岩石消失在了高潮之下。

　　故事的结尾讲述了各个角色如何展现他们的高贵：朵丽根向丈夫坦白了自己草率的承诺，并为自己的不忠而深感苦恼；阿浮拉格斯告诉朵丽根必须信守承诺；奥蕾利斯放过了朵丽根；奥尔良的学者则并未向奥蕾利斯收取费用。

　　这个故事的中心情节存在一个问题——一般性的、反复出现的高潮和低潮并不会让乔叟的读者感到震惊甚至神奇。我们得克萨斯州立大学团队发现了一种解释：乔叟描述的可能是 14世纪实际发生的与极为罕见的天文现象有关的大潮。

12 月的寒冷、多霜时节

故事中,有关天气和时节的措辞非常明确,甚至还提到三人来到布列塔尼地区岸边的时候正值 12 月:

书上告诉我们,此时正值 12 月寒冷、多霜的时节。

福玻斯(太阳)已经衰老了,颜色像黄铜一般,他曾在盛夏倾斜着,绽放出金灿灿的光辉;

可他如今落入了摩羯宫中,

我简直可以说,他已暗淡无光。

一次次的严霜和雨雪,摧毁了每片场地上的绿茵。

两面都长着胡子的雅努斯(Janus)坐在火边,用牛角饮着酒;

在他的前面挂的是野猪肉,

每位壮士都欢呼着"圣诞佳节"。

"圣诞佳节"的欢呼声表明当时处于 12 月下旬的圣诞节前后。另外,故事中提到了"雅努斯",这表明 1 月即将来临,也暗指 12 月下旬这一时间段。在中世纪的日历插图中,12 月的插图会出现两面神雅努斯,他"两面都长着胡子",吃着或喝着牛角里的美食佳酿,等待着以他的名字命名的月份——1 月的到来。乔叟提到的"落入摩羯宫的太阳"为我们提供了另一种确定具体时节的方式。太阳会在冬至那天落入摩羯宫,在乔叟时代大约为 12 月 13 日。大量的季节线索表明,这一段落描述的是 12 月13—31 日这不到 20 天的时间中"寒冷、多霜"的一天。

布列塔尼地区的高潮

目前已知四个不同的因素可以引起异常高的潮水。第一，潮差较大的大潮每月会出现两次，或者出现在新月时，或者出现在满月时。此时，太阳、月球和地球几乎排成一线，太阳和月球各自的引潮力可以合成更大的净效应。第二，日食或月食时，太阳、月球和地球将排列得更加整齐，引潮力的合力也将更大。日食或月食发生于食季，一年共有两次。第三，潮差较大的近地点潮每月出现一次，此时月球离地球最近，月球的引力最大。第四，地球每年会出现在近日点一次，此时地球离太阳最近，太阳的引潮力达到顶点。

在一些年份中，上述四种情况可能会同时出现。瑞典海洋学家奥托·佩特森(Otto Pettersson)和汉斯·佩特森(Hans Pettersson)描述过这种非同寻常的现象，他们观察到："在这种情况下，同时满足所有……条件，产生绝对最大引潮力，必定极其罕见。"他们举了几个例子，但这些例子都和乔叟的时代无关。

弗格斯·伍德的书则考虑了相同的因素，他也认为月球和太阳同时与地球距离最近时发生日食或月食是一种非常罕见的天文现象。伍德还一笔带过地提到了被他称为"公元 1340 年的绝对高潮"的天文事件。他用"最大近地点大潮，一种非常罕见的现象"来描述这一事件，并表示高潮发生于"公元 1340 年近日点前后"。我们通过文献检索还发现了一篇题为《天文大潮年》的文章，作者大卫·卡特赖特(David Cartwright)将 1340 年纳入了出现"最大引潮力"的年份列表中。

计算机的计算结果

上面提到的 14 世纪(也就是乔叟创作《坎特伯雷故事集》的时间)的极端引潮力事件引起了我们得克萨斯州立大学团队的极大兴趣。我们因而编写了计算机程序来搜索月球靠近近地点、地球靠近近日点,且发生日食或月食的日期(见图 6.4)。日、月、地三者完美连成一线的情况并不存在。我们最后找到了地球到达近日点 10 天内、月球到达近地点 24 小时内出现日食或月食的日子。

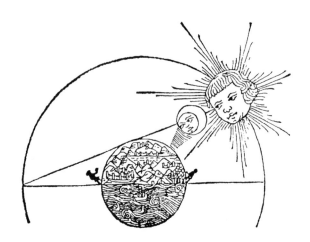

图 6.4　发生日食或月食的时候,太阳和月亮的引潮力合力会产生更大的净效应。这幅日食的木刻版画出现在 1488 年版萨克罗博斯科 (Sacrobosco)的《天球论》(*Spaerae Mundi*)中

我们在公元前 2500—公元 5000 年进行搜索,发现了一条有趣的规律(见表 6.1)。这些出现极端引潮力的日期可以被分

成几组,各组之间相差 1000 多年,这 1000 多年里完全不会出现极端引潮力事件。

我们的计算结果清楚地显示,符合上述条件的情况非常罕见,而且伍德和卡特赖特提到的 1340 年的确出现了极端引潮力事件。我们的计算机搜索结果不仅显示了 1340 年这一具体年份,而且显示极端引潮力事件出现在 12 月中下旬,刚好在圣诞节前不久。那时,太阳位于摩羯宫中,和乔叟《自由农的故事》中提到的情况完全一致!

表 6.1　地球靠近近日点且月球靠近近地点时发生日食或月食的日期

公元前 1868 年 11 月 12 日	月食
公元前 1775 年 11 月 19 日	日食
公元前 1700 年 11 月 15 日	月食
公元前 1691 年 11 月 6 日	月食
公元前 1598 年 11 月 13 日	日食
公元前 1505 年 11 月 20 日	月食
公元前 399 年 12 月 1 日	月食
公元前 306 年 12 月 8 日	日食
公元前 222 年 11 月 25 日	月食
公元前 129 年 12 月 2 日	日食
公元前 36 年 12 月 7 日	月食
公元 48 年 11 月 24 日	日食
公元 1247 年 12 月 13 日	月食
公元 1340 年 12 月 19 日	日食

续表

公元 1424 年 12 月 6 日	月食
公元 1442 年 12 月 17 日	月食
公元 1517 年 12 月 13 日	日食
公元 1535 年 12 月 24 日	日食
公元 1610 年 12 月 30 日	月食
公元 1712 年 12 月 28 日	日食
公元 3089 年 1 月 18 日	月食
公元 3182 年 1 月 26 日	日食
公元 3275 年 2 月 2 日	月食
公元 3284 年 1 月 24 日	月食
公元 3359 年 1 月 21 日	日食
公元 3377 年 1 月 31 日	日食
公元 3452 年 1 月 29 日	月食
公元 3554 年 1 月 27 日	日食

中世纪的学者虽然缺乏现代意义上潮汐的概念，但列出了潮差和天文现象之间的一些联系。罗伯特·格罗塞特斯特（Robert Grosseteste）在 13 世纪的一篇论文中这样描述春潮："当日月相合时，月球的力量会变得更强，潮水也会上升，变得更大。"他在提到近地点潮时还指出，他观察到，当月球"接近距离地球最近的点时，它的力量就会增强，然后海面就会升高"。还有几篇论文将高潮的时间段与冬至联系了起来，从而间接将高潮出现的日期与地球和太阳相距最近的日期联系了

起来。乔叟至少可以这么理解,1340 年 12 月日、月、地排成一线会对潮汐产生显著影响。我们的计算结果有助于解释为什么乔叟在他的故事中提到了 12 月的高潮,虽然布列塔尼地区的海岸也以"分点大潮"(即 3 月和 9 月出现的近地点大潮)而闻名。

　　布列塔尼地区一直以其蔚为壮观的大潮而闻名。圣马洛市(Saint-Malo)的平均潮差为 26 英尺(约 7.9 米),大潮的潮差可达 35 英尺(约 10.7 米),而近地点大潮的潮差有时甚至超过 44 英尺(约 13.4 米)。圣米歇尔山(Saint-Michel)的潮水则更加汹涌(见图 6.5 和图 6.6)。几个世纪以来,游客和朝圣者会在低潮时分步行至圣米歇尔山修道院,在那里看着潮水迅猛上涨,将修道院围成一座小岛。

　　图 6.5　在布列塔尼地区海岸的圣马洛市,最后几缕阳光洒在上涨的潮水上。乔叟可能在 14 世纪六七十年代到过法国几次,可能看到过圣马洛市的大潮,潮差可达 44 英尺,或者可能看到过附近圣米歇尔山的大潮,此处的潮水更大

虽然学者们不清楚乔叟去过法国的哪些港口,但英国人的确在 14 世纪到过圣马洛市。乔叟可能会对布列塔尼地区岸边巨大的潮差较为熟悉。

图 6.6　世界上最大的潮水之一出现在圣米歇尔山附近。几个世纪以来,游客和朝圣者会在低潮时分步行至圣米歇尔山修道院,在那里看着潮水迅猛上涨,将修道院围成一座小岛

乔叟所处的时代比牛顿发现万有引力定律的时间早了好几百年。但是,乔叟很可能了解潮差与天文学现象之间的联系,并将这一奇妙联系写进了《坎特伯雷故事集》。

乔叟和 1340 年

然而,如果乔叟在 14 世纪六七十年代前往法国,并在 14 世纪 90 年代写下《坎特伯雷故事集》，那么为什么他会知道在 1340 年曾出现高潮？我们可以联想到一种有趣的可能性，这或许可以解释为何乔叟会知道 1340 年的这一事件。

在最新一版的《坎特伯雷故事集》中，作者的生平部分写着："他的出生日期和地点尚不明确……通常认为出生于 14 世纪 40 年代早期。"类似地，一本现代的传记认为乔叟出生于"1340 年前后，可能在 1341 年初"。可以想象，乔叟在 14 世纪八九十年代学习天文学知识的时候，可能研究过自己的出生星象图，发现了日月相合的盛况！

在乔叟创作《坎特伯雷故事集》的时候，他已经精通当时的天体科学。一些现代学者也研究了乔叟在故事中对天文学的运用。我们的研究结果则表明，乔叟借助他的这一专长，利用 1340 年 12 月太阳和月亮的位置描写了《自由农的故事》的中心情节。

莎士比亚和《哈姆雷特》中的星星

《哈姆雷特》第一幕第一景中在空中"燃烧"的那颗明亮的星星究竟为何物？我们应该如何利用戏剧中有关季节、视角和夜晚时间的线索来确定这颗闪闪发光的天体？它是一颗行星、恒星，还是其他更加不寻常、更加壮观的天体呢？莎士比亚、以丹麦为背景创作的戏剧《哈姆雷特》和丹麦天文学家第谷·布拉赫三者之间可能存在怎样的联系呢？詹姆斯·乔伊斯的小说《尤利西斯》中的段落与《哈姆雷特》开篇的天空之间又存在着怎样的联系呢？

11 月天空中的星星

《哈姆雷特》的故事开始于一个寒冷刺骨的午夜。丹麦艾尔辛诺堡(Elsinore)城墙上站岗的士兵们向学者赫瑞修(Horatio)解释说,他们在前两天晚上看见了一个鬼魂。就在哈姆雷特父亲的鬼魂再次出现之前,一名士兵用天象来描述鬼魂通常出现的时间:

柏纳多:

昨夜,

正当北极星西边的那颗星

在现今燃烧的位置

照亮了这片夜空时,

马赛洛和我,

那时,钟才敲了一下……

(鬼魂入)

这一幕的剩余部分提醒我们,在莎士比亚的戏剧中,天象通常预示着人事。赫瑞修断言,伴随着尤里乌斯·凯撒的死亡,"星辰拖着火尾""太阳遭灾",月亮"黯然无色,顿失光彩"。在这一背景下,北极星西边的那颗星对莎士比亚和读者来说是否还有其他深意呢? 我们得克萨斯州立大学团队认出了《哈姆雷特》中的这颗星星,并分析了为何莎士比亚(见图 6.7)会选择将这样的天文景观作为戏剧的开头。

图 6.7　威廉·莎士比亚(1564—1616 年)

钟敲了一下,表明了故事发生的时间,但是为了明确到底哪颗星出现在北极星西边,我们还需要知道这一天在一年中的具体时节。幸运的是,戏剧为我们提供了充足的线索。士兵弗朗西斯科抱怨那天晚上"寒冷刺骨",而且哈姆雷特在第二天晚上也觉得"空气刺骨,非常寒冷",这表明当时正处于深秋或冬天。守卫马赛洛在看到鬼魂后不久评论道:"在圣诞前夕……鬼神弗敢出游。"我们可以据此断定,第一幕并非发生在将临期,也就是从最靠近 11 月 30 日的星期日到 12 月 25 日圣诞节这一时间段内。

哈姆雷特告诉我们,他的父王大约死于戏剧开始前的两个月("死了两个月"),先王的亡魂透露,谋杀发生于他在户外午睡的时候("在果园里睡觉的时候")。因此,哈姆雷特的父王似乎死于夏末秋初,可能是在 9 月,那时的下午依旧暖和,可以睡在户外。我们已知戏剧的第一幕则发生在两个月后,那么也就是 11 月一个寒冷的夜晚。在这一点上,我们同意德国学者马克思·莫尔克(Max Moltke)的观点,他用类似的推理论证了开场的场景发生在 11 月,"就在将临期之前"。

《哈姆雷特》中的星星究竟为何物?

对于一个在 11 月凌晨 1 点在北欧观察天空的人来说,他能否明显地看出北极星西边明亮的星星究竟是哪一颗呢?

严格来说,当然,天空中的每颗星星都位于天球北极的南边,这就像地球上的每个国家都位于地理北极的南边。我们认为"北极星西边"所描述的天空中的位置与天球北极的高度相同,但其指南针方向则稍微偏向西边。面向北方的天文观测者有理由将位于这一位置的星星描述为在北极或者"北极星西边"(或者"左边")。

我们通过计算机天文馆软件找到了凌晨 1 点会在北方天空、北极星西边出现明亮星星的日期,采用的是莎士比亚时期英国所用的儒略历。

不同版本的《哈姆雷特》表明,第一幕中的星星很可能是大熊座中的一颗。这一星座的正式名称是大熊座,不太正式的名称则是北斗七星。学者们指出,伊丽莎白时代的人会借助这个星座来报时。在莎士比亚的《亨利四世》中,人物的确会借助大熊座的位置来推断夜晚的时间。但这一星座无法与《哈姆雷特》开场中的描述相吻合,因为根据我们的计算,伊丽莎白时代的人只能在 4 月下半月的凌晨 1 点看到北斗七星位于北极星西边。

莎士比亚当然也知道小熊座,尤其是小熊座中的北极一(小熊座 γ)和北极二(小熊座 β),因为他在《奥赛罗》中把它们称为"永定不移的北极星的守卫"。然而,这些星星并不符合《哈姆雷特》中的描述,因为它们往往是在 7 月第一周的凌晨 1 点出现在北极星西边的。

类似地,我们可以排除北边天空中明亮的织女星和天津四(这两颗星和牛郎星一同构成了夏季大三角),因为它们分别在大约 7 月末和 8 月末的凌晨 1 点出现在北极星西边。

G. 巴克莱(G. Buckley)认为五车二是《哈姆雷特》中提到的星星,并特别指出第一幕第一景可能发生于 1 月 19 日。《阿登版莎士比亚全集》(*The Arden Shakespeare Complete Works*)提供了一个非常重要的《哈姆雷特》版本,其中也认为这颗星星是五车二。诚然,五车二会在 1 月中旬凌晨 1 点出现在天球北极的西边,此时的夜晚的确寒冷刺骨,而且也的确不在将临期。但是如此一来,哈姆雷特的父王就应该死于两个月前的 11 月,这时在丹麦的室外午睡似乎太冷了。

乔治·瑞兰德(George Rylands)曾简短地提到过"北极星西边的行星",T. 斯宾塞(T. Spencer)也曾进行简单的推理,认为莎士比亚"似乎在暗示这颗星是一颗行星"。这些说法从天文学的角度来看都不够可信,因为行星总是位于我们所熟悉的黄道星座中或黄道星座附近,从来不会靠近天球北极。

上述作者都未提及仙后座的星星。这一星座出现在北边天空,呈现独特的"W"形(根据在夜晚的时间不同,也可能呈现"3"

"M"或"Σ"形)。仙后座的星星很可能就是莎士比亚提到的星星,因为这个星座离天球北极很近。而且根据我们的计算结果,在莎士比亚的时代里,仙后座确实会在 11 月上半月的凌晨 1 点出现在北极星西边。这样一来,仙后座非常符合《哈姆雷特》中提到的位置、夜晚时间和季节。但还有一个问题——虽然仙后座的形状为人们所熟悉且令人印象深刻,但没有哪颗星星是分外明亮的。

1572 年的新星

但是,我们得克萨斯州立大学团队意识到,仙后座中的确有一颗星星曾经分外明亮,那就是 1572 年的新星。而且这颗明亮的星星曾突然出现在 11 月的天空中,它的位置完全与柏纳多的描述相符。现代的天文学家将这颗新星命名为"第谷超新星"。丹麦天文学家第谷曾对这颗新星进行了最为详尽的研究。当时的观测者裸眼就能看到这颗星,并深深地惊叹于它的璀璨。他们称之为"nova",意为"新星"。

我们可以想象,当时年仅 8 岁、仍在斯特拉特福(Stratford)文法学校上学的莎士比亚可能永远也不会忘记他第一次看到这颗新星时的场景。此外,我们还了解到,第谷看到这颗新星时的具体反应。第谷·布拉赫是与威廉·莎士比亚同时代的人。这颗新星出现时,第谷 26 岁。这件事促使第谷一生都在兢兢业业地研究天文学。

这颗新星最早是在 1572 年 11 月 6 日被观测到的。而且,在被第谷发现之前,这颗新星还在欧洲的另外五个地点被看到过。第谷在 1573 年出版了篇幅较短的《新星》(*De Nova*

Stella）一书，其中提到了他对这颗新星的第一印象。在 1602 年
出版的篇幅较长的书《新编天文学初阶》中，第谷还汇编了所有
已知的有关这颗新星的详细观测信息，其中包括他对自己亲眼
所见场景的生动描述（见图 6.8）：

　　图 6.8　这幅来自卡米伊·弗拉马利翁《大众天文学》的版画描绘了
第谷·布拉赫在 1572 年 11 月 11 日第一次看到新星的景象。正如画中所
展现的，这颗新星在人们所熟悉的仙后座"M"形星群附近闪闪发光，高高
地挂在北极星上方。和《哈姆雷特》第一幕第一景中写的一样，到了凌晨 1
点，仙后座和新星会出现在"北极星西边"

我最初在（1572 年）11 月 11 日看到它，因为此前好几天，天空并不晴朗……在这一天傍晚散步的时候，我凝视着天空，清澈的天空似乎预示着晚饭后可以继续进行天文观测。我突然出人意料地在天顶附近看到一颗我不太熟悉的星星，它散发着明亮的光芒。我惊讶万分，仿佛被这惊人的景象击中了一般。我静静地站着，目不转睛地盯着这颗星星看了一会儿。它靠近那些自古以来被认为是仙后座星群的星星。我确信像这样的星星从来没有在这个地方出现过……看到这难以置信的景象，我犹豫了，我开始怀疑自己能否相信自己的眼睛……就在那时，几个乡下人正好路过，我问他们有没有人能看见这颗高空中的星星。他们大声地说，他们清楚地看见了这颗巨大的星星。

一开始，它的视星等（观测者用肉眼看到的星星亮度）超过了所有的恒星，包括那些一等星，甚至天狼星和天琴座最亮的星。事实上，这颗新星看起来比木星还要亮……在它距离地球最近的时候。当它最接近地球时，亮度可以与金星相媲美。到了11 月，这颗新星如此明亮，许多视力好的人甚至能在晴朗的中午看到它。

当时，这颗新星能用肉眼进行观测，但在现世 16 个月之后，人们便无法再用肉眼看到它。

天文学家和小说家

在写到 1572 年的事件时，哈佛大学的天文学家塞西莉亚·佩恩-加波施金(Cecilia Payne-Gaposchkin)下了定论：莎士比亚本人"必定看到过第谷超新星"。

詹姆斯·乔伊斯在他的小说《尤利西斯》中也同样推测莎士比亚看到过这颗新星。乔伊斯在这本晦涩难懂的小说中提到了大量的天文信息，其中至少有两处提到了 1572 年的新星。在《尤利西斯》第 9 章中，乔伊斯强调了出现在常见的仙后座星星阁道三附近的明亮天体，并想象了青年莎士比亚注视着这颗星星的场景："他诞生的时候出现了一颗星，一颗晨星，一条喷火龙。白天，它在空中独自闪耀着，比夜间的金星还要明亮。夜里，它在仙后座的阁道三上方散发着光芒，群星中横卧的仙后座呈现出他名字的首字母的记号。他的眼睛注视着这颗星，它低低地躺在……"

通过"他名字的首字母的记号"这一视觉形象，乔伊斯将"W"形的仙后座比作威廉·莎士比亚名字的第一个字母"W"。

《尤利西斯》的第 17 章则提到了一系列天文信息，大约有50 条，其中 1 条也和 1572 年的新星及其所在的星座有关。对于英国的观测者而言，仙后座是位于极地附近的星座，永远围绕着天球北极旋转，无所谓升起和落下。在提及这一点时，乔伊斯从莎士比亚联系到了"一颗星星的出现……在白天和夜间绽放出异常明亮的光芒……大约在威廉·莎士比亚出生时出现在横卧的、永不落下的仙后座阁道三的上方……"

佩恩–加波施金和乔伊斯都表示莎士比亚看到过 1572 年的新星，但他们并未进一步将其与《哈姆雷特》开场那颗明亮的星星联系起来。

1572 年令英国担忧的新星

对于伊丽莎白时代的观测者而言，这颗新星不仅令人难忘，而且具有令人不安的宗教含意和哲学含意。自亚里士多德以来的 2000 多年里,恒星一直被视为亘古不变、象征着安全与秩序的天体,而彗星和流星等转瞬即逝的天体则往往被视为不祥。这颗横空出世的新星无疑动摇了人们的信心。对此,编年史家拉斐尔·霍林舍德(Raphael Holinshed)在关于 1572 年的记录中表达了人们对科学的兴趣及相应的忧虑:

> 11 月 18 日早晨,可以看到北边天空的仙后座里有一颗星星非常明亮……这颗星星初次现世时看上去比木星还要显眼,与金星最耀眼的时候相比也差不了多少。 而且这颗星的位置从来不会发生变化,它和其他所有恒星一样,每天随着天空一起转动……它在天空中的位置比月亮要高得多,也比任何已经观察到或可能出现的彗星要高得多。 因此它的意义显然指向某些特定的事物,与自然无关,与天域(celestial)有关,甚至超出天域。 这实在太奇怪了,自古以来从来没有这样的事。

霍林舍德也建立起这颗星星和莎士比亚之间的联系。莎士比亚在创作他的一些代表性戏剧时需要做历史研究,故而查阅了霍林舍德的《编年史》。莎士比亚可能在他写作《哈姆雷特》时重拾了孩提时代有关这颗新星的记忆。

历史学家威廉·卡姆登(William Camden)则亲眼见证了 1572 年的新星,并为我们提供了另一番生动的描述:

> 我不知道是否值得花费精力提一下当今所有历史学家都记录过的这件事。 11 月的时候,仙后座里出现了一颗新星,你也可以将它称为一大奇观(我亲自见证了这一奇观),它的亮度超过了

位于近地点时的木星。 而且，它在 16 个月里在同一个位置上保持不动，伴随着地球的自转而发生旋转。

托马斯·迪格斯(Thomas Digges)和约翰·迪伊(John Dee)是伊丽莎白时代英国最知名的天文学家,他们的观测结果着重出现在了第谷有关新星的书《新编天文学初阶》的最后一卷中。

1573 年,当这颗新星仍然可见于北边天空时,迪格斯写了一本书,试图用数学"探索这颗新星与地球之间的距离、视星等和位置"。迪伊也写过几本关于这颗新星的书。他在 1573 年出版的书里展示了理论上可以用测量角度的办法来计算这颗新星与地球之间的距离。实际上,望远镜发明以前所用的仪器是无法精确测量恒星与地球之间的距离的。直到 1840 年左右,科学家才第一次对恒星与地球之间的距离进行了可靠的测量。但是第谷、迪格斯和迪伊至少成功证明了这颗新星一定比月球要远得多。霍林舍德用了"比月亮要高得多"这一表述,这说明这一重要的结果已经成为常识。

这颗新星在 16 个月后便再也无法用肉眼观测到,但有关它的意义的讨论却持续了数十年。莎士比亚一生中几乎没有留下什么个人信息,但一些传记中的线索表明,他与迪格斯、迪伊和第谷之间存在着某种联系,而这三位正是与 1572 年新星的相关研究及讨论关系最为紧密的科学家。

第谷、罗森克兰兹、吉尔登斯特恩和《哈姆雷特》

罗森克兰兹(Rosencrantz)和吉尔登斯特恩(Guildenstern)是哈姆雷特的两位老友。莎士比亚是如何想出这两个独特的丹麦名字的呢？

　　罗森克兰兹和吉尔登斯特恩这两个姓氏曾经出现在第谷的一幅肖像画里(见图 6.9)。在这幅画里,第谷被他的家族族徽围绕着。我们可以肯定,这幅版画的复制品在 16 世纪 90 年代的伦敦流传开来。第谷在给英国学者托马斯·萨维尔(Thomas Savile)的一封信中写道:"请代我恭敬地问候最崇高、最杰出的大师约翰·迪伊……也不要忘记问候最崇高且同样最博学的数学家托马斯·迪格斯,我也真诚地赞扬他,并祝他一切顺利。"他在附言中补充道:"我附上了四幅自己的肖像画,是最近在阿姆斯特丹用铜雕刻的。"

　　正如几位学者所指出的,莎士比亚在伦敦时和迪格斯住得很近,他可能看到了迪格斯手上的第谷肖像。事实上,莱斯利·霍特森(Leslie Hotson)在《莎士比亚传》中用了三章的篇幅来探讨莎士比亚和迪格斯家族之间的联系。维克多·索伦(Victor Thoren)指出,第谷的两位亲戚罗森克兰兹和吉尔登斯特恩在 1592 年来到了英国。

　　虽然许多作者认为,最早是莱斯利·霍特森在其 1938 年的书中将《哈姆雷特》中这两个人物的名字与第谷的肖像画联系起来的,但这一联系其实早已在文献中流传开来。图书馆管理员桑福德·斯特朗(Sandford Strong)在其 1904 年的回忆录中就提出过相同的理论。天文学家威廉·林恩(Willian Lynn)也在其 1905 年的文章中将《哈姆雷特》与第谷的肖像画联系了起来。

　　因此,我们可以得出结论:莎士比亚在为《哈姆雷特》中的角色选择名字的时候,可能从第谷·布拉赫铜雕肖像上的丹麦名

图 6.9　罗森克兰兹和吉尔登斯特恩这两个姓氏出现在第谷·布拉赫的著名肖像画的左侧拱顶和廊柱上。荷兰艺术家雅各·德戈恩(Jacob de Gheyn)在 1590 年雕刻了这幅肖像画,类似的图案也出现在 1596 年版及 1601 年版的《第谷天文学书信集》的卷首插图中

罗森克兰兹和吉尔登斯特恩处获得了灵感。

第谷、艾尔辛诺堡和《哈姆雷特》

为补充丹麦的相关知识,在做《哈姆雷特》的背景调查时,莎

士比亚可能查阅过 1588 年布劳恩（Braun）和霍根伯格（Hogenberg）所著《世界主要城市地图集》(*The Atlas of the Principal Cities of the World*)这一当时最著名的地图集中的丹麦地图。他可能在地图中看到了第谷的乌兰尼堡（Uraniborg）天文台。天文台附近就是艾尔辛诺堡（Elsinore），莎士比亚最终将此处选为《哈姆雷特》中的场景（见图 6.10）。

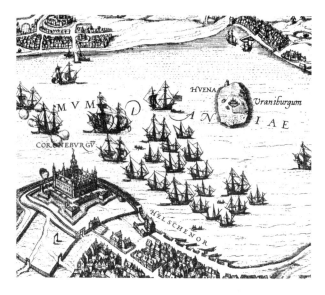

图 6.10　布劳恩和霍根伯格在 1588 年出版的《世界主要城市地图集》中收录了这幅名为《丹麦之声》(*Sound of Denmark*)的版画。第谷·布拉赫的乌兰尼堡天文台就位于汶岛（Hven）中心。前景左侧的不远处则是艾尔辛诺堡，莎士比亚将此处选为《哈姆雷特》中的场景

星星和天层

《哈姆雷特》中有一个引人注目的段落暗示着这部戏剧与天文学家迪格斯、迪伊之间存在另一种联系。其中,莎士比亚运用了直接借自天文学的意象:

> 鬼魂:
>
> 我可以告诉你一桩事,最轻微的几句话,
>
> 都可以使你魂飞魄散,使你年轻的血液凝冻成冰,
>
> 使你的双眼像脱离天层的星星一样向前突出……

虽然在现代的读者看来,一颗星星脱离它所在的天层这样的想法似乎有些怪诞,但在 1572—1573 年,人们激烈地争论着新星是否真的脱离了它所在的天层。约翰·迪伊试图解释新星为何会突然变得如此明亮。例如,他提出这颗星离开了它通常所在的天层,直接向地球坠落。迪伊在一篇 1573 年的手稿中阐述了这一理论。这篇手稿的拉丁文标题可译为"仙后座中一颗奇异的星星从它的天层落下,现世 16 个月之后复又垂直回到天空的隐秘之处"。针对新星的这一解释,即"它在 1572 年从所在天层落下,并在 1573 年回归其所在天层",再次在威廉·卡姆登的著作中出现。

威廉·莎士比亚的《哈姆雷特》和托马斯·迪格斯、第谷·布拉赫这两位研究仙后座新星的权威之间的关系让我们更加相信,1572 年壮观的新星为史上最著名的戏剧《哈姆雷特》开场一幕中的天象奇观提供了灵感。

威廉·布莱克的《虎》：天上的"长矛"和"火焰之泪"

威廉·布莱克在《虎》的开头这样写道："虎,虎,火焰灼灼燃烧在黑夜之林。"这首著名的诗作 1794 年首次发表于诗集《经验之歌》中,这首诗里面可能涉及一些天文学信息。布莱克在诗中写道："当天上的群星投下长矛,用泪水浸湿了天空。"那么,18世纪晚期的哪几场流星雨赋予了布莱克创作这些诗句的灵感？布莱克可能看到了哪些流星雨和壮观的火流星呢？

《虎》

威廉·布莱克的《虎》(见图 6.11)已经达到了标志性的地位,在最近选出的诗歌选集最常收录的 500 首诗歌中,它的受欢迎程度排名第一。这首诗包含了壮丽的视觉形象,比如第五节中出现的以下形象：

"当天上的群星投下长矛,用泪水浸湿了天空 ……"

这两句有趣的诗将星星与"长矛"及"泪水"联系在了一起。这可能与诗人一生中经历的著名的流星事件有关。1783 年,一串壮观的流星划过英国上空,而 18 世纪晚期的英仙座流星雨在其中尤为耀眼,由此出现了"圣劳伦斯的火焰之泪"从天而降的传说。

天文观测者早在布莱克之前就注意到了著名的英仙座流星雨,他们的观测可以追溯到公元 36 年,即已知的最早在中国看

图 6.11 《虎》最早出现于《经验之歌》中，这本诗集是布莱克在
1794 年创作并自行出版的

到流星雨的年份。表 6.2 列出了观测到并记录下英仙座流星雨
的年份。

表 6.2　留有记录的英仙座流星雨的年份。 东方所记录下来
的年份显示为普通字体，西方记录下来的年份则显示为加粗字体

36	841	1042	**1779**	**1806**
466	924	**1243**	**1781**	**1809**
811	925	1451	**1784**	**1811**
820	926	1581	**1789**	**1813**
824	933	1590	**1798**	**1815**
830	989	1625	**1799**	**1818—1820**
833	1007	1645	**1800**	**1822—1831**
835	**1029**	1709	**1801**	**1833 至今**

在 18 世纪的最后几十年里，出现英仙座流星雨的次数和西
方观测者的人数明显增加。专门研究流星的学者威廉·丹宁
(William Denning)在回顾英仙座流星雨的历史时指出："直到
18 世纪下半叶，英仙座流星雨才受到特别的关注。"威廉·布
莱克可能在 1794 年发表《虎》之前的几年里看到了壮丽的英
仙座流星雨。

公众和科学界对流星的兴趣在这一时期异常高涨。英国的
《绅士杂志》(The Gentleman's Magazine)讲述了许多读者观察
流星的事例，这些读者试图确定流星的轨迹，评估流星的亮度，
并回忆流星划破天空时经过的时间。当时的科学家刚开始认识
到流星并不像闪电、圣埃尔摩之火(St. Elmo's Fire)和鬼火，它

不是地球上的现象,而是进入地球大气层的天体。巧合的是,恩斯特·克拉德尼(Ernst Chladni)在 1794 年发表了一篇论文,第一次就流星和陨石来自宇宙提出了令人信服的论据。同年,布莱克出版了《经验之歌》。

"圣劳伦斯的火焰之泪"英仙座流星雨

布莱克不可能在 1794 年就知道 8 月的流星雨是英仙座流星雨,因为"英仙座流星雨"一词是由意大利天文学家乔凡尼·夏帕雷利(Giovanni Schiaparelli)在 1866 年创造的。夏帕雷利提到:"从现在起我将这些流星称为英仙座流星雨,因为它们似乎是从英仙座向我们扩散开来的。"

在 1866 年以前,英仙座流星雨被称为"圣劳伦斯的火焰之泪",因为每年最壮观的英仙座流星雨会在圣劳伦斯的殉道纪念日(8 月 10 日)左右从天而降。根据圣传,圣劳伦斯是在公元 3 世纪被放到烤架上烤炙而死的。

L.凯特莱(L. Quetelet)在 1837 年的文章中讨论了 8 月的流星,并回忆道:"在这个时候出现的大量流星是圣劳伦斯燃烧的眼泪,他的纪念日正好就在 8 月 10 日。"

耶鲁大学的爱德华·赫里克(Edward Herrick)同样讲述了一个广为流传的传说:"圣劳伦斯每年都会在他的节日上流下火焰之泪。"赫里克表示,这种"迷信的说法在英格兰和德国一些地区的天主教徒中'流传了很久',在 8 月 10 日晚上,天空中可以看到圣劳伦斯燃烧的眼泪"。

亚历山大·洪堡(Alexander Humboldt)亦在他的不朽之

作《宇宙》中讨论了"圣劳伦斯的火焰之泪"这一关于 8 月流星的传说。

那么,英仙座流星雨第一次被称为"圣劳伦斯的火焰之泪"是在什么时候呢?许多学者认为这一比喻可以追溯到中世纪早期,但从表 6.3 来看,这并不可能。因为中世纪时,英仙座流星雨出现在 7 月,所以将英仙座流星雨和 8 月 10 日联系起来必定是使用格里高利历①以后的事。

英仙座流星雨达到最大值的活动日一直都在缓慢推进。与儒略历相比,平均每 150 天推进 1 天;与格里高利历相比,平均每 70 天推进 1 天。英仙座流星雨的轨道非常稳定,最大值活动日的间隔约为 365.2564 天。这比儒略历和格里高利历中每年的平均天数(分别为 365.2500 天和 365.2425 天)稍长一些。数百年来,这些细微的差异会不断累积起来。

表 6.3　英仙座流星雨的最大值活动日

年份	儒略历	格里高利历
0 年	7 月 17 日	—
500 年	7 月 20 日	—
1000 年	7 月 24 日	—
1500 年	7 月 27 日	—
1600 年	7 月 28 日	8 月 7 日

---

① 格里高利历即现今世界大多数国家使用的公历纪年法,公元 1582 年颁布使用。——译者注

年份	儒略历	格里高利历
1700 年	7 月 28 日	8 月 8 日
1750 年	7 月 29 日	8 月 9 日
1800 年	—	8 月 10 日
1900 年	—	8 月 12 日
2000 年	—	8 月 12 日

在威廉·布莱克的一生中,英仙座流星雨达到最大值的活动日刚刚推进至 8 月 10 日左右。如果他看到了英仙座的流星雨(他可能会在 1779 年、1781 年、1784 年或 1789 年看到壮观的英仙座流星雨),那么当时盛行的传说会让布莱克将流星、火焰和眼泪联系起来。

状如"长矛"的火流星

正如流星有时会被比作"圣劳伦斯的火焰之泪"(见图 6.12),更为耀眼的流星也会因其形象而获名。自古以来,"火流星"一词指的是异常明亮的流星,尤指那些在其轨迹终点附近爆炸的流星。它的轨迹会逐渐变宽,然后随着光线的消失,在尽头迅速收窄。火流星的痕迹让它看起来像一支长矛,而事实上,英语中的"火流星"一词来自希腊语,且在希腊语中的意思就是"长矛"。法国编年史家也将火流星称为"lances de feu",意为"火之长矛"。

图 6.12 1942 年,乔治·斯通(George Stone)在论述《虎》时曾猜测,布莱克的用词"可能会让人联想到如瀑布一般的流星画面,就好像天堂正在哭泣"。这幅 19 世纪的石刻版画展现了 1833 年狮子座流星雨在尼亚加拉瀑布上空的景象,从天而降的流星宛若火焰的眼泪

1783 年 8 月 18 日的火流星

在查阅 18 世纪的期刊时,我们发现在布莱克有生之年,伦敦市民曾看到过一颗壮观的火流星,即 1783 年 8 月 18 日的火流星(见图 6.13)。这颗火流星是人们见过的最壮观的火流星之一。它在晚上 9 点后不久出现在天边,一路经过苏格兰和英

格兰,越过英吉利海峡,以及巴黎和勃艮第,令观察者惊叹不已。
英格兰的目击者表示,自己听到了类似雷声或炮声的巨响。天
文学家让-夏尔·乌佐(J.-C. Houzeau)汇编了当时关于流星的
研究成果,他判断:"18 世纪最引人注目、开始引起对此类现象
的高度关注并因而具有重要历史意义的火流星是 1771 年 7 月
17 日和 1783 年 8 月 18 日的火流星。"

虽然这颗流星出现在 8 月,但它的运动方向表明,它并非
英仙座流星。观察者表示,这颗火流星看起来和满月差不多
大,但它的亮度比满月要高得多,因为它的后面还跟着一串较
小的流星和一串橙色的火流星。多篇报道显示,这颗火流星

图 6.13 这幅由亨利·罗宾逊(Henry Robinson)创作的版画
描绘了 1783 年 8 月 18 日火流星划过英格兰温索普(Winthorpe)村
庄上空的场景

大约在 30 秒的时间内可以被看到。它从头顶缓缓经过时,照亮了大地,并投下了清晰的影子。

见此壮观之景,文人学者们在 1783 年的《绅士杂志》上至少发表了 12 篇文章,在 1784 年的《伦敦皇家学会哲学学报》上发表了 6 篇文章。艺术家保罗·桑比(Paul Sandby)和托马斯·桑比(Thomas Sandby)也为此创作了一幅铜刻版画(见图 6.14),以及多幅水彩画和其他类型的版画,他们描绘了 6 人从温莎城堡(Windsor Castle)露台观看火流星的画面。露台上的其中一人还发表了一篇详细叙述 1783 年 8 月 18 日从温莎城堡观察火流星的文章。

图 6.14　这幅由保罗·桑比和托马斯·桑比创作的铜刻版画描绘了 1783 年 8 月 18 日从温莎城堡露台上看到的火流星

这时,曾在 1781 年发现天王星的威廉·赫歇尔(William Herschel)正在担任国王的私人天文学家,仅与泰晤士河岸边的温莎城堡东北部相距 1.5 英里(约 2.4 千米)。事实上,赫歇尔的天文台就在桑比作品中的树林中。赫歇尔会在每个晴朗的夜晚观察天空,因此这颗火流星一定会引起他的注意。当火流星划过天空时,他跟踪观察了 45 秒钟。

持续时间如此之长的火流星是极其罕见的。类似的还有 1972 年 8 月 10 日日间划过北美西部的火流星。1972 年的火流星在掠过地球大气层时异常壮观。它先是降到犹他州和爱达荷州上空,接着在蒙大拿州上空降到了最接近地球表面的位置(只有此处的目击者听到了巨大的音爆),然后在加拿大阿尔伯塔省开始上升并逃回太空。

1783 年的火流星可能也出现了类似的掠地情形,但它在苏格兰上空下坠时必定离地面过远,从而音爆无法到达地面。一篇报道强调“苏格兰地区所有可信的观察者都否认听到了声音”。这颗火流星可能在经过英格兰东南部时离地球表面最近,当地的许多目击者在火流星经过后不久听到了类似雷声或炮声的巨响。当火流星经过英格兰时,许多观察者分别报告说,他们听到了“嗡嗡”声、“嘶嘶”声、“嗖嗖”声或“噼啪”声。

如果这颗 1783 年的火流星继续下坠,法国应该能听到更大的声音。虽然法国的天文观察者将这颗火流星描述为拖着明亮火尾的冲天火箭,但是天文学家 J. 拉朗德(J. Lalande)在为《巴黎日报》(*Journal de Paris*)收集的报告中也认为,这一精彩的画面来得“无声无息”。这颗火流星的主体最后在东南方地平线上、朝着瑞士的方向消失了。

布莱克和 1783 年的火流星

威廉·布莱克在一幅非同寻常的蚀刻版画中描绘了一次神秘的天文事件,这幅版画被称为《末日来临》(*Approach of Doom*)或《惊叹的一行人》(*Awe-struck Group*)。这幅作品是根据一幅画作(见图 6.15)设计的,后者一般被认为是由威廉·布莱克的弟弟罗伯特·布莱克(Robert Black)创作的。罗伯特·布莱克于 1782 年赴英国皇家学院(Royal Academy)进行学习。罗伯特·布莱克的作品与桑比兄弟所绘的温莎城堡的场景有些相似——这些作品都描绘了高处的 6 人或 7 人,同时有 1 颗令人惊叹的天体照亮了他们,在他们身后投下一道道影子。

图 6.15 这幅无名之作一般被认为是由威廉·布莱克的弟弟罗伯特·布莱克所绘,画的可能是 1783 年 8 月 18 日的火流星

罗伯特·布莱克作品中的天体并不像闪电或彗星,这与一些研究者的猜测不符。的确,这颗天体不可能是那个时代的彗星。裸眼可见的壮丽彗星曾出现于 1744 年、1759 年(哈雷彗星)和 1769 年,然后等到 1807 年和 1811 年,天空中才再次出现了同样明亮的彗星。1783 年具有历史意义的火流星,以及紧跟其后的流星串,可能为布莱克兄弟的作品提供了灵感。

1783 年 8 月 18 日的火流星具有令人敬畏的力量,能产生像雷声或炮声那样的巨大声响,而且其明亮的光线能投下阴影,这和 2013 年 2 月 15 日西伯利亚车里雅宾斯克州上空观测到的火流星十分相似。

流星和《虎》

乔治·斯通在论述《虎》时曾猜测,布莱克的用词"可能会让人联想到如瀑布一般的流星画面,就好像天堂正在哭泣"。大卫·埃尔德曼(David Erdman)也曾一笔带过地提到,这首诗里可能提到了"流星"。我们得克萨斯州立大学团队的天文学分析支持了这些说法,并提供了具体的证据,证明威廉·布莱克可能不仅知道"圣劳伦斯的火焰之泪",还知道更加壮观的火流星,或者说来自天空的"长矛"。这些值得纪念的、壮观的天文事件,以及它们的通俗名称,可能吸引了布莱克,此后布莱克将它们用作诗歌中的意象。

❼

1800 年后的文学天空

上一章研究了杰弗里·乔叟、威廉·莎士比亚和威廉·布莱克在 1800 年以前创作的诗歌、故事和戏剧中提到的天文现象。本章讨论的三个天文描写段落则来自于年代较晚的小说和诗歌，分别涉及玛丽·雪莱构思《弗兰肯斯坦》时窗前的那抹月光、沃尔特·惠特曼观察到的壮观的流星雨，以及詹姆斯·乔伊斯小说中一颗划过都柏林上空的流星。

玛丽·雪莱在 1816 年"闹鬼的夏天"①构思了小说《弗兰肯斯坦》。这个故事最早的听众中有著名诗人拜伦勋爵和珀西·雪莱。他们当时聚在壁炉旁，从租住的别墅望出去可以看到瑞士的日内瓦湖。那么，玛丽·雪莱是在哪个夜晚构思《弗兰肯斯坦》的呢？那天晚上有没有月亮？玛丽·雪莱对《弗兰肯斯坦》

---

① 《闹鬼的夏天》(*Haunted Summer*)是 1988 年上映的美国电影，电影讲述了 1816 年拜伦和雪莱夫妇之间的故事。这年夏天，他们通过比赛写鬼故事来消磨沉闷和无聊的时光。——译者注

由来的描述准不准确呢？玛丽·雪莱开始创作这一故事的精确日期及她对此的说法一直以来都是个谜，我们又该如何通过针对月相和月球位置的天文学分析及气象记录，来解开这些谜团呢？

沃尔特·惠特曼曾看到"奇妙浩大的流星雨"，这为他的《草叶集》中《流星年（1859—1860）》一诗提供了创作灵感。以往的研究者试图理解惠特曼到底看到了什么，但众说纷纭，这些解释都无法很好地与诗人的描述相契合。我们应该如何解决这一争议呢？此外，有一幅油画描绘了一串壮观的流星划过夜空的场景，艺术家弗雷德里克·丘奇（Frederic Church）和这幅画有什么关系呢？油画描绘的事件发生于何时呢？到底是何种天文现象促使弗雷德里克·丘奇创作了一幅油画，促使沃尔特·惠特曼创作了一首诗歌呢？

詹姆斯·乔伊斯在小说《尤利西斯》中多次提到了天文信息。小说中的人物在结束一天一夜的漂泊之后，看到一颗流星"以极快的速度划过天空"。乔伊斯在文中提到了流星经过的具体星座。我们应该如何根据这些信息及有关日期和夜晚时间的线索，确定到底是哪场流星雨制造了都柏林上空的这一天象呢？

月亮和《弗兰肯斯坦》的由来

1816 年 6 月的夜晚，天空中划过一道道锯齿状的闪电，雷声在附近的山上隆隆作响，拜伦勋爵、珀西·雪莱和玛丽·雪莱等人在瑞士日内瓦湖边一座别墅的壁炉旁讲着鬼故事。在此期间产生了恐怖小说中最著名的两大角色:吸血鬼——为日后布莱姆·斯托克笔下的德古拉这一角色提供了灵感——和弗兰肯斯坦创造的怪物。那么,这和1815年印度尼西亚火山爆发之间有何关联? 为什么1816年被称为"无夏之年"? 玛丽·雪莱是在哪个晚上想到《弗兰肯斯坦》这个创意的? 她讲述的有关《弗兰肯斯坦》由来的故事准确吗?"风雨大作的黑夜"的精确日期及玛丽·雪莱说法的真实性一直以来都是谜,我们又该如何通过天文学分析和气象记录来解开这些谜团呢?

1816 年"闹鬼的夏天"

1816年6月的晚上,玛丽·雪莱开始讲述《弗兰肯斯坦》的故事。这一经久不衰、颇具标志性的创作带来了不少经典的恐怖电影(见图 7.1)和无数流行的文化符号。当时在迪奥达蒂(Diodati)别墅里听玛丽讲故事的包括两位最著名的英国诗人——拜伦勋爵和珀西·雪莱,以及玛丽的妹妹克莱尔·克莱尔蒙特(Claire Clairmont)和医生约翰·波利多里(John Polidori)。1816年夏天,拜伦和波利多里住在迪奥达蒂别墅里(见图 7.2),雪莱等人则住在附近的沙皮伊(Chappuis)别墅里。

《弗兰肯斯坦》的诞生伴随着一场暴风雨,而一座火山在这场暴风雨中发挥着重要的作用。1815年4月,印度尼西亚的坦博拉火山(Tambora)爆发,堪称史上规模最大的火山爆发之一。在之后几年内,火山爆发产生的灰尘和烟雾影响了全球的天气。1816年则以"无夏之年"而著称,寒冷的天气和连绵的阴雨让拜伦和雪莱等人不得不待在室内。

图 7.1　在 1931 年电影《弗兰肯斯坦》的宣传照中,波利斯·卡洛夫(Boris Karloff)饰演的怪物

许多现代的作者向我们再现了迪奥达蒂别墅中的故事,但对那年夏天具体发生了什么如今仍存在争议。

玛丽·雪莱的说法

玛丽·雪莱在 1831 年版的《弗兰肯斯坦》中加入了序言,序言中描述了这一故事的由来:"因此,我要对这个经常被问到的问题做一个大概的回答——'我当时还是一个年轻的姑娘,怎么会产生并详细讲述这么一个可怕的想法呢?'1816 年夏天,我们去了瑞士,成了拜伦勋爵的邻居……事实证明,那是一个潮湿的、很不舒适的夏天,连绵阴雨常常把我们困在屋里好几天。我们开始翻看几卷从德语翻译成法语的鬼故事。"

图 7.2　这幅钢版画创作于 1835 年,展现了迪奥达蒂别墅和倒映在日内瓦湖上的月亮

起初,他们大声朗读这些已经出版的小说,但之后玛丽表示拜伦有一个主意:

"我们每人写一个鬼故事。"拜伦勋爵说道。 然后大家同意了他的提议……我专心地编故事……这个故事有关对自然的神秘恐惧,会唤起刺激的恐惧体验。 这个故事会让读者惊惧地四处张望,吓得他们血液凝固、心跳加速……我思索着,但一切都是徒劳。 我觉得,当我们不安的祈求毫无结果时,创作的空白和无能就是作家最大的痛苦。 你有想出故事吗? 每天早晨我都会听到

这个问题，而我不得不给出一个否定回答，实在令人羞愧。

在经历了几天的尴尬之后，壁炉边的一次谈话激发了玛丽的创意：

我们讨论了各种哲学理论，其中也有关于生命原理的理论……随着谈话的深入，夜色渐渐浓厚，我们安歇时甚至过了午夜。我的脑袋靠在枕头上，但我并没有睡着……我的想象力不由自主地控制着我，指引着我……我看到那个研究邪恶艺术、面色苍白的学生跪在他拼好的东西旁边。我看到一个男人的可怕魅影伸展开来，然后在某种强大的机器的运转下，出现了生命的迹象……

回到现实之后，玛丽发现卧室窗外月光闪耀："我希望自己幻想中的可怕画面能成为现实。我仍能看到那些画面：幻想中的房间，漆黑的拼花地板，紧闭的百叶窗，依稀漏进来的月光，我能感觉到远处镜子般的湖水和高大巍峨、白雪皑皑的阿尔卑斯山……翌日，我宣布我想出了一个故事……一段记录了我在清醒的梦中联想到的恐怖事件的文字。"

当晚，玛丽·雪莱开始讲述她的故事（见图 7.3）。一开始，她只计划写几页而已，但珀西·雪莱鼓励她把故事写成长篇小说。拜伦勋爵和珀西·雪莱很快对写鬼故事失去了兴趣，但拜伦勋爵提到的一个片段则由波利多里写成了一本名为《吸血鬼》的小说。19 世纪，这本书激发了类似的吸血鬼故事的创作，并在布莱姆·斯托克创作的著名吸血鬼故事中达到了高潮。恐怖故事中最著名的两大角色——弗兰肯斯坦和德古拉伯爵——都可以追溯到迪奥达蒂别墅中围炉而坐的那个夜晚。

图 7.3　玛丽·雪莱在瑞士日内瓦湖边的迪奥达蒂别墅中第一次讲她的恐怖故事。1816 年夏天在迪奥达蒂别墅发生的一系列事件在 2009 年被盐湖城先锋剧院公司（Pioneer Theatre Company of Salt Lake City）改编为戏剧《黄叶》（*The Yellow Leaf*）。在这一场景中，克里斯托弗·凯利（Christopher Kelly）饰演珀西·雪莱，艾伦·阿代尔（Ellen Adair）饰演玛丽·雪莱

　　拜伦的提议和玛丽"清醒的梦"的确切日期依旧是两个富有争议的话题。一些作者曾质疑玛丽·雪莱的记忆和她的说法的真实性。我们想知道玛丽提到的天文信息——她卧室窗外的月光——是否能让我们确认她回忆的准确性，并确定《弗兰肯斯坦》诞生的确切日期。

拜伦提议讲鬼故事的日期

　　拜伦和雪莱在瑞士期间所写的日记和信件能帮助我们确定 1816 年夏天各个事件的先后顺序。大部分学者认为，拜伦可能

在 6 月 16 日提议写鬼故事。例如,詹姆斯·里格尔(James Rieger)在文章中表示:"6 月 16 日可能是拜伦提出建议的日期。"

安妮·梅勒(Anne Mellor)在玛丽·雪莱的传记中提到了相同的日期:"6 月 16 日(他们大概在这天晚上阅读,并同意写鬼故事)。"

另一位传记作家艾米丽·桑斯坦(Emily Sunstein)表示,由于当天夜里有暴风雨,雪莱等人不可能回到沙皮伊别墅:"6 月 16 日那周,兴奋情绪加剧了。16 日,来自沙皮伊别墅的一行人被一场倾盆大雨困在了迪奥达蒂别墅中,并在那里过夜。他们都聚在壁炉前大声朗读一本鬼故事书……拜伦受到启发,建议大家每人写一个鬼故事。"

此外,伯顿·波林(Burton Pollin)的文章也认为 6 月 16 日是拜伦提出建议的日期。类似的还有塞缪尔·罗森博格(Samuel Rosenberg)在《生活》(*Life*)杂志上发表的文章,理查德·霍姆斯(Richard Holmes)和米兰达·西摩(Miranda Seymour)的传记,托马斯·胡伯勒(Thomas Hoobler)夫妇发表的研究报告,以及许多其他作者的图书和文章。

波利多里在 1816 年夏天写的日记为 6 月 16 日这一说法提供了证据。波利多里提到,众人都在迪奥达蒂别墅过夜:"6 月 16 日……雪莱过来了,并在这里用餐、就寝,一道的还有雪莱夫人和克莱尔·克莱尔蒙特小姐。"

在波利多里的日记中,有关第二天晚上的记录清楚地提到,玛丽开始和除波利多里以外的其他人一起创作各自的故事:"6

月 17 日……除我以外的所有人都创作起了鬼故事。"

因此,我们几乎可以确定,拜伦在 6 月 16 日晚上提出了建议,这和玛丽的说法相矛盾。玛丽明确而详细地描述了自己在构思故事的时候苦恼了数日,而非短短的几小时。部分作者认为,由于存在明显的矛盾,玛丽·雪莱的说法不足为信。

玛丽·雪莱没说真话?

一些学者否定了玛丽·雪莱关于《弗兰肯斯坦》由来的说法,认为这只是一种浪漫化的解释。詹姆斯·里格尔特别严厉地批判了玛丽·雪莱在 1831 年写的序言:"在 1816 年 6 月'潮湿的、很不舒适的'日子里,迪奥达蒂别墅里举行了一场写鬼故事的比赛,这是拜伦、雪莱圈子里的每个学生都知道的。正如我们将看到的,这几乎完全是捏造的……她关于迪奥达蒂写作派对的说法,甚至关于产生创意的说法,都不可信……整个构思过程的时间顺序都发生了改变。"

安妮·梅勒同样认为需要一种"不同的时间顺序",并指出 1831 年的序言犯了一个"严重的错误":"将拜伦提出建议与她在梦中虚构鬼故事情节之间的时间间隔从数小时延展成了数天。"

米兰达·西摩断定,玛丽的说法纯属谎言:"她写 1831 年的序言是为了让她的书能卖出去。讲述可能发生的、最精彩的故事比讲真话更重要。"

还是说，玛丽·雪莱说了真话？

或许是出于对玛丽·雪莱的认同，其他作者在写时间顺序的时候试图与玛丽的说法保持一致，在拜伦提议写鬼故事和玛丽在"清醒的梦"中想出《弗兰肯斯坦》的创意之间留出了几天的时间。这些学者仍然把拜伦提议的时间定在 6 月 16 日，然后把玛丽"清醒的梦"的时间定在 6 月 22 日之前的那个晚上。那天天气好转，拜伦和雪莱乘船绕日内瓦湖航行，炉边的众人暂时分开了。伯顿·波林提出了这样的理论："6 月 16 日，这群人大声朗读了一系列鬼故事……然后拜伦建议每个人写一个鬼故事……她必定一开始写了一个自己的恐怖的梦，和序言中描述的一样，然后雪莱和拜伦动身去莱芒湖（即日内瓦湖）游玩……"

艾米丽·桑斯坦同样认为《弗兰肯斯坦》的故事诞生于诗人们出发的前一天晚上：

6 月 22 日，拜伦和雪莱动身绕湖航行……他们出发的前一天晚上……玛丽在睡觉的时候，仍在想着她的鬼故事。她在似醒非醒之际做了一个"清醒的"噩梦……次日早上，在诗人们出发后，她坐在桌子前……开始写一篇长达几页的故事，讲述自己的梦境。雪莱在 6 月 30 日回来，被这个故事震撼了，于是鼓励玛丽继续写下去。

理查德·霍姆斯的传记和托马斯·胡伯勒夫妇的研究也提出了类似的观点，认为《弗兰肯斯坦》的故事诞生于 6 月 22 日前后。

鬼故事开始于何时？

大部分现代的作者认为,拜伦大概在 6 月 16 日提议写鬼故事。但是我们发现,波利多里并未在日记中描述拜伦提议的事,而且第一手资料中也并未出现具体的提议日期。

玛丽·雪莱日记的编辑们承认这种日期上的不确定性,并谨慎地表示,在"6 月 10 日,拜伦和波利多里搬进迪奥达蒂别墅后"的"某个时间","拜伦建议他们每人创作一个鬼故事"。

查尔斯·罗宾森(Charles Robinson)调查了传真版的玛丽·雪莱手稿,并列举了三种可能性:"鬼故事的创作可能开始于:第一,6 月 15 日之前(玛丽·雪莱在回忆自己延后故事创作时提到了这一日期);第二,6 月 15 日 …… 第三,6 月 16 日——通常认为这一天是开始创作鬼故事的日期。"

根据现存的信件、日记和回忆录,拜伦似乎是在 6 月 10—16 日之间提出创作鬼故事的建议的。除了这些文字材料,我们还可以利用自然现象,即月光和暴风雨来分析具体的日期。

自然界的月亮和小说中的月亮

玛丽·雪莱在 1831 年的序言中提到的天文信息或许有助于解决有关日期的争论。她在序言中解释说,当她在"清醒的梦"中想象怪物面对着熟睡中的创造者时,她注意到了卧室窗外的月光:

　　他睡着了，但他又醒了。 他睁开眼，注视着床边可怕的怪物，怪物拉起床帘，用他那黄色、水汪汪但又充满疑惑的眼睛看着他。

　　我惊恐地睁开了眼睛……我希望自己幻想中的可怕画面能成为现实。 我仍能看到那些画面：幻想中的房间，漆黑的拼花地板，紧闭的百叶窗，依稀漏进来的月光……

　　玛丽提到她的故事最初只是"一段记录了我在清醒的梦中联想到的恐怖事件的文字"。确实,她对月光和百叶窗的描写几乎原封不动地出现在了小说里。下面这段描写弗兰肯斯坦博士回忆怪物诞生之夜的文字出现在 1818 年版《弗兰肯斯坦》的第四章及 1831 年版《弗兰肯斯坦》的第五章中："我从睡梦中惊醒 ……借着从百叶窗漏进来的、昏暗的、黄色的月光,我注视着那个家伙——我自己创造出来的可怜的怪物。他拉起床帘,他的眼睛(如果那也能算作眼睛的话)盯着我。"

　　据我们所知,此前并没有学者利用过这条天文线索。玛丽·雪莱还提到了其他的自然现象,这表明我们应该认真考虑此处提到的月光线索。

自然界中的暴风雨和小说中的暴风雨

　　玛丽还在小说中描述了 1816 年 6 月的一场暴风雨。玛丽·雪莱从那一年的 6 月 1 日开始写信,在接下来的两周中,她每隔一段时间就会写一封信。在其中一封信里,有一段话描述了她在日内瓦湖边看到的最壮观的雷暴:

这次的雷暴比以往看到的更壮观、更可怕。 我们看着雷暴从湖的对面移动过来，观察天空各处的云层间划下一道道闪电，在侏罗山遍布松树的高地上呈现出锯齿般的形状。 虽然阳光欢快地照在我们身上，但侏罗山（Jura）上却是一片漆黑，蒙上了云的阴影。 之前有一天晚上，我们也看到了一场前所未见的暴风雨。整个湖被闪电照亮了——侏罗山上的松树清晰可见，有一瞬间，所有的景色都被照亮了，之后复又陷入一片漆黑。 黑暗之中，我们的头顶不断传来可怕的雷暴声。

《弗兰肯斯坦》中的一幕正是由这一事件改编而来的，出现在 1818 年版的第 6 章中，以及 1831 年版的第 7 章中，其中有关雷声和明暗变化的措辞几乎是一样的："我看到天空中划过一道道闪电……形状十分美丽……雷在头顶炸开，发出可怕的巨响……明亮的闪电十分晃眼，照亮了湖泊，使它看起来像一片巨大的火海。然后，就在一瞬间，周围又漆黑一片。"

几乎可以肯定的是，拜伦也看到了这场尤为壮观的暴风雨。他在迪奥达蒂别墅所写的《恰尔德·哈洛尔德游记》第三章中，用了五节的篇幅来描写几乎相同的雷电和忽明忽暗的湖面，其中包括以下段落：

九二

天色骤变了！ 多么剧烈的转变啊！

哦，夜、雷雨和黑暗……

从这峰到那峰，在"咯咯"作响的崖石上，

活的雷电跳动着！ 并非出自一片孤云，

却是每座山都扯着喉咙发出了回响；

侏罗山透过她四周云雾的帷幔，

应答着大声呼唤她的欢腾的阿尔卑斯山！

九三

现在正是夜里——最壮丽的一夜！

你不是来带我们入梦的！

且让我来分享一些你猛烈而狂热的欢欣，

让我成为暴风雨和你的一部分！

闪电照亮了湖面，如同磷火之海般闪耀，

硕大的雨点落向地面，在空中跳起美丽的舞蹈！

现在，天空再次陷入了黑暗……

拜伦还在此处加注，告诉了读者这场暴风雨的具体日期："这几行诗提到的雷暴发生于 1816 年 6 月 13 日午夜。我曾在塞罗尼安山脉（Ceraunian Mountains）看到过几场更猛烈的雷暴，但都不及这场美丽。"

波利多里在他 6 月 13 日这天的日记里同样提到了一场猛烈的、"雷电交加的暴风雨"。当天夜里，他想从日内瓦走回迪奥达蒂别墅，但不幸迷了路，因此不得不在镇上的巴兰斯旅馆（Hotel Balance）度过一夜。

一些作者认为，这场暴风雨发生于 1816 年 5 月，但另一些作者推断这场暴风雨发生于 6 月中旬，而根据第一手资料，这场暴风雨发生的正确日期是 1816 年 6 月 13 日。

既然 6 月 13 日的暴风雨出现在了《弗兰肯斯坦》中,那么玛丽在序言和正文中对月光的描述可能来源于真实的事件。

瑞士之旅

1816 年 6 月的哪几天晚上是没有月亮的呢? 在哪几天晚上,明亮的月光会在午夜之后穿过玛丽·雪莱卧室的窗户呢? 又在哪几天晚上,月亮会藏在日内瓦湖周围的山坡后面呢?

为解答这些问题,我们得克萨斯州立大学团队在 2010 年 8 月来到了与日内瓦东北部相距约 2 英里(约 3.2 千米)的科洛尼镇。如今,沙皮伊别墅已不复存在,但一本讲述沙皮伊别墅历史的专题著作收录了一些照片和显示其精确位置的地图。与迪奥达蒂别墅(见图 7.4)相比,沙皮伊别墅离日内瓦湖更近,在山坡上的位置也更低,大约位于迪奥达蒂别墅西北方 850 英尺(约 259.1 米)处。从这两座别墅的窗户往外望去,西边的景色一览无遗,相比之下,山体会挡住东边天空中的景色。根据我们在科洛尼镇对距离和海拔的测量结果,我们确定山的平均坡度为 15°。

图 7.4　得克萨斯州立大学团队成员艾娃·波普(Ava Pope)、凯莉·史纳尔(Kelly Schnarr)和唐纳德·奥尔森站在迪奥达蒂别墅下的陡坡上

1816 年 6 月 22 日，排除

通过将地形的计算结果与月相及月球位置的计算结果相结合，我们可以排除部分作者所述的时间顺序——玛丽延后几天构思出了鬼故事，在 6 月 22 日做了那个"清醒的梦"。1816 年 6 月 22 日，在曙光初现的几小时前，月亮呈现残月的月相，只有

13%的部分被照亮,而且玛丽所在位置东侧的山会完全挡住冉冉升起的月亮。因此,6月22日黎明前的几小时里,月光不可能洒在玛丽卧室的窗户上。

观月者

不过,如果将上述日期提前几天,事情就能和玛丽·雪莱在1831年《弗兰肯斯坦》序言中的说法相吻合了。第一手资料中有三处提到了月亮的信息,这进一步支持了我们的观点。

第一,1816年5月下半月之后两周内的一轮盈月。

第二,1816年6月9日,月相接近满月。

第三,在玛丽·雪莱做"清醒的梦"当晚,明亮的月光洒在她的窗户上。

日内瓦湖上空的盈月

从1816年5月下半月开始,并在接下来的两周中,玛丽·雪莱每隔一段时间就会写一封信。在其中一封信里,她提到了在月光下的日内瓦湖上(见图7.5)泛舟的经历:"每天傍晚6点左右,我们会在湖上泛舟……暮光不久便消失了,但我们现在非常享受逐渐丰盈的月亮倾泻下的光芒,因此很少在10点之前起身回去。"

波利多里也在日记中记录了几个在夜间泛舟湖上的精确日期:

5月30日,我、雪莱夫人和克莱尔小姐在湖上游玩至9点……

5 月 31 日，我和雪莱夫人上了船，划了一整夜，直到 9 点才结束……

6 月 2 日。和雪莱一家共进晚餐；和他们及拜伦勋爵在湖上游玩；参观了他们的房子，很不错。回来时正逢落日，我看见一侧是群山，另一侧是昏暗的轮廓，树木和房屋几不可见，只能区分个大概。白色的薄雾环绕着山丘，将天空变成穹顶，仅缀有繁星。穹顶被月光照亮，月亮的银辉也为湖泊镀上了一层金。天穹看起来是椭圆形的。晚上 10 点，我们上了岸……

图 7.5 玛丽·雪莱在一封信中提到，拜伦、雪莱一行人会在日内瓦湖上泛舟至晚上，因为他们"非常享受逐渐丰盈的月亮倾泻下的光芒"。波利多里的日记同样描述了景物如何"被月光照亮，月亮的银辉也为湖泊镀上了一层金"。此照片拍到了 2010 年 10 月 21 日，日内瓦湖上空的月亮和木星

根据我们的计算，1816 年 5 月 30 日、5 月 31 日和 6 月 2 日晚上会出现蛾眉月，亮度系数分别为 15%、24% 和 46%。这与玛丽

提到的"逐渐丰盈的月亮"相吻合。这几天里,太阳大约在晚上 7 时 45 分落下,月亮则会在深夜 11 点之后才落下,这与玛丽·雪莱和波利多里在月下泛舟至晚上 9 点或 10 点的描述完全相符。

满月及搬入迪奥达蒂别墅

在波利多里一周后的一篇日记里,我们可以看到他一笔带过地提到了月亮:

6 月 9 日。 回家。 看着月亮,并下令打包行李。

1816 年 6 月 9 日晚上 8 点左右,月亮爬到勃朗峰上空,月相接近满月,99.9％以上的部分被照亮,因此吸引了波利多里的注意。波利多里提到的"打包行李"是指,他即将和拜伦一起搬离临时住的旅馆。他第二天的日记里也提到了此事:

6 月 10 日。 拿上打包好要送去迪奥达蒂别墅的东西……前往迪奥达蒂别墅……与雪莱等人喝茶,我们坐着聊到了 11 点……

拜伦提议写鬼故事的日期可能在 6 月 10 日(众人围在迪奥达蒂别墅壁炉边的第一晚)—6 月 13 日(壮观的暴风雨来临的晚上)。这样一来,玛丽就有可能在之后几天里绞尽脑汁地想鬼故事。波利多里在日记里提到,6 月 15 日,拜伦、雪莱一行人在迪奥达蒂别墅相聚:

6 月 15 日。 雪莱等人夜晚来访……聊了一些原则和原理的问题——人类是否只应被视为工具。

这或许就是激发玛丽创意的、有关"生命原理"的对话。

月亮与《弗兰肯斯坦》的由来

因此,玛丽·雪莱"清醒的梦"与《弗兰肯斯坦》的创意可能诞生于 1816 年 6 月 16 日凌晨。当时,一轮明亮的亏凸月(见图 7.6)升上了东南的天空,亮度为 67%。标准的计算机程序显示,1816 年 6 月 16 日,科洛尼镇的月出时间为凌晨 0 时 01 分,但在这一计算过程中,我们假设地平线是平坦的。实际上,

图 7.6　照片中的亏凸月有 67% 的部分被照亮。在玛丽·雪莱做"清醒的梦"当晚,亏凸月的皎洁光芒照亮了她卧室的窗户

直到凌晨 2 点,月亮才在 15°的山坡上露出了脸,将它的银辉洒向各座别墅的窗户。这一计算结果与玛丽·雪莱在 1831 年序言中的描述相符:"过了午夜……我仍能看到那些画面:幻想中的房间……紧闭的百叶窗,依稀漏进来的月光。"

因为五天之后就是夏至日,所以 6 月 16 日的曙光出现得非常早。太阳在凌晨 4 时 07 分便升起了,而且在凌晨 3 点左右,天色渐明,天光甚至盖过了月亮的光芒。因此,我们的计算结果和时间顺序(见表 7.1)表明,玛丽·雪莱"清醒的梦"发生于 1816 年 6 月 16 日凌晨 2 点至 3 点之间。

如果那天凌晨的月光并未照在玛丽·雪莱的窗户上,我们就会通过天文学分析发现她的说法是捏造的。但是,明亮的亏凸月及我们提出的时间顺序支持了她在 1831 年的序言中有关《弗兰肯斯坦》由来的说法。

表 7.1　符合玛丽·雪莱 1831 年的序言、波利多里的日记和天文学分析的时间顺序

1816 年 5 月 27 日	新月
1816 年 5 月 30 日—6 月 2 日	晚上在"逐渐丰盈的月亮"的照耀下泛舟湖上
1816 年 6 月 3 日	上弦月
1816 年 6 月 9 日	波利多里观察到接近满月的月亮
1816 年 6 月 10 日	满月,拜伦和雪莱搬进了迪奥达蒂别墅
1816 年 6 月 10—13 日	其中一天晚上,拜伦提议大家写鬼故事,玛丽·雪莱一开始没有想出来

1816 年 6 月 13 日	玛丽·雪莱和拜伦看到了日内瓦湖上壮观的闪电和雷暴
1816 年 6 月 15 日	晚上,众人在迪奥达蒂别墅里谈论生命的原理和原则
1816 年 6 月 16 日	《弗兰肯斯坦》的由来:亏凸月的月光透过紧闭的百叶窗,玛丽·雪莱做了"清醒的梦"(凌晨 2 点至 3 点)。当晚,玛丽·雪莱开始在迪奥达蒂别墅向众人讲述她的故事
1816 年 6 月 17 日	下弦月。除波利多里外的其他人开始讲故事
1816 年 6 月 22 日	拜伦和珀西·雪莱动身前往日内瓦湖游玩
1816 年 6 月 25 日	新月

沃尔特·惠特曼的《流星年(1859—1860)》

受"奇妙浩大的流星雨"的启发,沃尔特·惠特曼创作了《流星年(1859—1860)》一诗,该诗被收录在《草叶集》中。以往的学者试图理解惠特曼到底看到了什么,但众说纷纭,没有一种解释可以很好地与诗中的描写相吻合。我们应该如何解决这一争论呢?在诗中被惠特曼称为"从北方天空闪耀来临的不速之客"的彗星又是指哪颗彗星呢?此外,艺术家弗雷德里克·丘奇和一幅描绘一串壮观的流星划过夜空的油画之间存在什么关系呢？
油画描绘的事件发生于何时呢？到底是何种天文现象促使沃尔
特·惠特曼创作了一首诗歌，又促使弗雷德里克·丘奇创作了
一幅油画呢？

惠特曼的《流星年(1859—1860)》

美国诗人沃尔特·惠特曼(见图 7.7)非常热衷于观察天
空。在他伟大的诗集《草叶集》中有一首诗，题目非常有趣，叫作
《流星年(1859—1860)》。

图 7.7　沃尔特·惠特曼的肖像画。左侧的肖像画描绘了惠特曼
在 1860 年前后的模样，右侧的肖像画则展现了老年的惠特曼

这首诗提到了当时最具新闻价值的事件：1859 年 12 月 2 日，
约翰·布朗(John Brown)被处以绞刑；1860 年 6 月 28 日，大东号
轮船(Great Eastern)抵达纽约港；1860 年 10 月，威尔士王子访
问纽约；1860 年 11 月 6 日，林肯当选美国总统(见图 7.8)。惠

特曼还在诗中描写了彗星和流星事件,引起了天文学家们特别
的兴趣:

图 7.8 左上:《弗兰克·莱斯利新闻画报》(*Frank Leslie's Illustrated Newspaper*)上约翰·布朗的木刻版画。中上:一枚华丽的 1860 年竞选徽章上剃了胡子的林肯。右上:《哈勃周刊》(*Harper's Weekly*)上威尔士王子的木刻版画。下:《伦敦新闻画报》上大东号轮船的石刻版画

　　忘不了那彗星，从北方天空闪耀来临的不速之客，

　　忘不了那奇妙浩大的流星雨，从我们头上划过，炫目而又
清晰，

　　（一眨眼，就一眨眼，那些非凡的光球从我们头上划过，

　　然后离去，在夜里坠落，消失；）

　　……

　　尽管《草叶集》意义重大，但以往的学者并未确定这两个天
文意象到底受到了哪些天文事件的启发。

惠特曼的彗星

　　确定"从北方天空闪耀来临的不速之客"相对简单。从运动
方向和亮度来看，惠特曼指的显然是 1860III 号彗星，它也被称
为"1860 年大彗星"（见图 7.9）。这颗彗星于 1860 年 6 月 18 日
在北天星座御夫座中被发现，亮度增长得非常快，彗尾大约形成

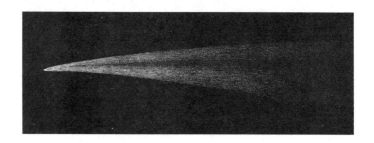

　　图 7.9　惠特曼在诗中提到了一颗彗星。从运动方向和亮度来
看，惠特曼指的显然是 1860 III 号彗星，它也被称为"1860 年大彗星"。
这幅 1860 年大彗星的木刻版画出现在 1865 年伊曼纽尔·里耶
（Emmanuel Liais）的法文书《太空与热带自然》里

了 15°～20°的夹角。到了 1860 年 7 月下半月,这颗彗星向南经过巨爵座和乌鸦座,之后便只有南半球的观察者才能看到它。

惠特曼还提到了"奇妙浩大的流星雨"。确定这一神秘的流星雨则要困难得多。以往对这一诗歌意象的解释包括了 19 世纪的各种天象,这些现象本身非常有趣,但与诗中有关流星的描述并不相符。

1833 年的狮子座流星雨?

约瑟夫·比弗(Joseph Beaver)断言:"短诗《流星年(1859—1860)》取材于 1833 年 11 月 12—13 日的流星雨。"我们知道,惠特曼在 1833 年看到了这一壮观的狮子座流星雨,因为他在纽约公共图书馆(New York Public Library)收藏的手稿集中写道:"流星雨——发生在 1833 年 11 月 12 日夜间至 13 日清晨——从四面八方浩浩荡荡而来,一些拖着闪耀的白色长尾,一些互相追逐,有如瀑布——跳跃,静默,白色,就像天空中的魅影。"

在 1833 年的这场流星雨中,数以千计的流星从空中落下,持续时间长达数小时,从午夜至黎明,甚至日出之后仍能看见许多明亮的火流星。然而,《草叶集》中的这首诗描写了一串持续"瞬间,刹那光景……然后继续向前,在夜里坠落、消失"的流星。所以 1833 年的狮子座流星雨与诗歌中呈现的景象完全不同,在具体时间上也与《流星年(1859—1860)》相差不少。

1858 年的狮子座流星雨?

一些现代作者则被美国国会图书馆(Library of Congress)中另一篇惠特曼的手稿所误导:

美国 58 年 11 月 12—13 日,出现了一场流星雨,奇妙而炫目,

就在午夜与清晨之间。

再会! 划过头顶的壮丽流星——

再会! 从四面八方浩浩荡荡而来的流星,有些还拖着闪耀的长尾,

有些你追我赶,就像泼落的流水——跳跃,静默,就像天空中的白色魅影。

显然,上述选段中"58 年"这一表达使许多研究惠特曼的学者联想到了《草叶集》中的这首诗。乍看之下,将"58 年"理解为 1858 年似乎是合理的,这样至少在时间上比较靠近《流星年(1859—1860)》这个标题。

确实,有一个《草叶集》的重要版本显示,诗人在"1858 年 11 月 12—13 日"看到了一场流星雨。拉泽尔·齐夫(Larzer Ziff)也在他的文章中复述:"1858 年 11 月 12 日晚上,沃尔特·惠特曼看到了一场流星雨。"

不过,这一观点存在两个明显的问题。我们查阅的 19 世纪的天文学期刊显示,1858 年 11 月根本没有出现狮子座流星雨。更重要的是,这些现代学者并未理解惠特曼所说的"美国 58 年"

是什么意思。按照 19 世纪年鉴使用的传统纪年法(惠特曼本人的一些著作的扉页上也使用了这种纪年法):美国独立的第 1 年为 1776 年 7 月 4 日—1777 年 7 月 4 日,美国独立的第 58 年为 1833 年 7 月 4 日—1834 年 7 月 4 日。1833 年(也就是美国独立的第 58 年)11 月 12—13 日,壮观的狮子座流星雨惊艳了众多观察者,其中就有惠特曼。

美国国会图书馆的手稿明确指向 1833 年的狮子座流星雨,其中甚至使用了大量与纽约公共图书馆的手稿相同的语言,而后者明确提到了 1833 年 11 月 12—13 日这一具体时间。我们刚刚已经证明过,1833 年的狮子座流星雨与诗中提到的年份不相符,流星的景象更是完全不同。

1859 年的日间火流星?

近来,也有学者将惠特曼的《流星年(1859—1860)》与 1859 年 11 月 15 日纽约上空壮观的火流星联系起来。这种观点初看之下相当可信,因为 1859 年能与诗歌的标题相吻合。这一说法也曾出现在一本惠特曼的传记中。此外,有一位学者写过一篇文章,更为详细地论述了《流星年(1859—1860)》的流星指的就是 1859 年 11 月的火流星这一观点。此后,还有几位学者重述了这一观点。

然而,1859 年 11 月只出现了一颗火流星,但惠特曼却提到了"流星雨",提到了"一颗颗奇异的光球经过了我们的头顶"。而且,同时代的报纸和科学期刊证实,1859 年 11 月 15 日日间,一颗流星在上午 9 点半左右划过天空。但诗人却说流星出现在"夜里"。如此看来,流星的数目并不吻合,时间更是相差悬殊。

流星之谜

如果所有这些说法都是错误的,那么惠特曼在天空中看到的到底是什么?10多年来,我们得克萨斯州立大学团队一直试图解开这个流星之谜,但并未成功。不过,我们最终通过天文学和艺术相结合的方法解决了这一问题。在天文学方面,解答这个问题要涉及被称为"掠地流星"和"流星雨"的天文现象。而与艺术的联系则通过19世纪美国艺术家弗雷德里克·丘奇的一幅画产生。

掠地流星

天文学家会用辐射点所在的星座来命名流星雨,当流星雨的辐射点位于高空时,每颗流星都会在相对较短的时间内垂直穿过地球大气层,时间跨度从几分之一秒到几秒钟不等。

然而,当一场流星雨的辐射点接近地平线时,观测者就会看到掠地流星。此时的流星几乎平行于地球表面,而且观察者在很长一段时间内都可以看到掠地流星。这些流星的轨迹几乎可以从地平线一侧延伸至另一侧。当掠地流星的移动速度异常缓慢时,它在观测者视野中的时间可长达1分钟,而且只需要大约2分钟就能穿过地面上超过1000英里(约1609.3千米)的距离。

1972 年的日间火流星

近来出现的最壮观的掠地流星是 1972 年 8 月 10 日在美国和加拿大观测到的日间火流星。这颗流星穿透美国犹他州上空的大气层,以每秒 9 英里(约 14.5 千米)的速度水平移动,在蒙大拿州(唯一能听到巨大音爆声的地方)上空 36 英里(约 57.9千米)处与地球表面最为接近,然后穿过加拿大阿尔伯塔省上空的大气层逃回太空。在这颗流星划过的长达 900 英里(约1448.4 千米)的土地上,无数人目睹了这次天文奇观。在怀俄明州的杰克逊湖(Jackson Lake)边,詹姆斯 · 贝克(JamesBaker)拍摄了一张静态照片。琳达 · 贝克(Linda Baker)用超8 毫米胶片拍摄的动态影片,展现了日间火流星划过大提顿山脉(Teton Mountain)上空的景象。当这颗流星缓慢地向北划过天空时,它在杰克逊湖边的观测者的视野中大约出现了50 秒。

1913 年 2 月 9 日的流星雨

如果一颗巨大的掠地流星在穿透大气层时迅速解体,且分裂出来的多颗小流星以近乎一致的轨迹在空中飞行,那么观测者就能看到一种更加奇特的天文现象——流星雨。此时,观测者们会看到一串火球缓慢而庄严地从头顶掠过。有记录的流星雨屈指可数(见表 7.2),最著名的就要数 1913 年 2 月 9 日的流星雨了。加拿大天文学家 C. 钱特(C. Chant)搜集了目击者的各种描述(主要来自于安大略省),其中特别指出:"对大多数观测

者而言,最突出的特点就是天体的运动缓慢而庄严;几乎同样引
人注目的是它们保持的完美队形。"当时,几十颗火流星共分为
三组,从加拿大的阿尔伯塔省上空飞越至安大略省,再经过美国
的纽约州,朝着大西洋上空飞去。

表 7.2　历史上的流星雨

日期	飞越地面的路径
1783 年 8 月 18 日	苏格兰、英格兰、英吉利海峡、法国
1860 年 7 月 20 日	美国威斯康星州、美国密歇根州、加拿大安大略省、美国纽约州西部、美国宾夕法尼亚州、美国纽约州东部、大西洋
1876 年 12 月 21 日	美国堪萨斯州、美国密苏里州、美国伊利诺伊州、美国印第安纳州、美国俄亥俄州、美国宾夕法尼亚州
1913 年 2 月 9 日	加拿大阿尔伯塔省、加拿大萨斯喀彻温省、加拿大曼尼巴托省、美国明尼苏达州、美国密歇根州、加拿大安大略省、美国纽约州、美国宾夕法尼亚州、美国新泽西州、大西洋

弗雷德里克·丘奇和 1860 年 7 月 20 日的流星雨

　　19 世纪的哈德逊河画派以描绘美国自然风光见长,代表人
物有弗雷德里克·丘奇等。有一次,我们收到了杰拉尔德·卡
尔(Gerald Carr)为丘奇画展编写的目录,从而为确定沃尔特·
惠特曼《草叶集》中流星意象的来源找到了突破口。我们在目录

Content:

的封底上看到一幅油画(见图 7.10),画面上出现了一组火流星。我们立即辨认出,这就是流星雨。

图 7.10 弗雷德里克·丘奇描绘的 1860 年流星

杰拉尔德·卡尔的研究证实,丘奇在 1860 年 7 月 20 日看到了这一壮观的景象。1860 年的刊物也曾报道过这次的流星雨,其中包括《哈勃周刊》和《弗兰克·莱斯利新闻画报》(见图 7.11 和图 7.12)。

我们得克萨斯州立大学团队搜索了 1860 年的报纸、科学期刊和通俗杂志,最后找到了数百条有关"奇妙浩大的流星雨"的目击实录,与沃尔特·惠特曼的描述完全相符,而且出现在诗歌对应的时间段内。

1860 年 7 月 20 日晚上,一颗巨大的掠地流星在近乎水平地穿过地球大气层时解体成数颗小流星,形成了一场流星雨。这场

VOL. IV.—No. 188.]   NEW YORK, SATURDAY, AUGUST 4, 1860.   [PRICE FIVE CENTS.

THE METEOR.

THE METEOR OF JULY 20, AS SEEN BY J. A. ADAMS, ESQ., AT SARATOGA SPRINGS.

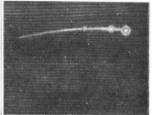

THE METEOR AS SEEN BY S. F. AVERY, ESQ., AT BROOKLYN.

THE METEOR AS SEEN BY J. M'NEVIN, ESQ., NEAR BEDFORD, LONG ISLAND.

图 7.11　1860 年 7 月 20 日，由多个火球组成的流星雨正向前运动。1860 年 8 月 4 日，《哈勃周刊》头版的一篇文章和三幅木刻版画反映了这一天文奇观

THE WONDERFUL METEOR, AS IT APPEARED ON THE NIGHT OF JULY 20, 1860.—SKETCHED FROM HOBOKEN BY OUR OWN ARTIST.

图 7.12　这幅插画题为《1860 年 7 月 20 日晚上出现的奇妙流星》，摘自 1860 年 8 月 4 日的《弗兰克·莱斯利新闻画报》，描绘了从新泽西州霍博肯市（Hoboken）看到的景象

流星雨从五大湖飞到纽约州，继而飞向大西洋，飞越了地面上超过 1000 英里（约 1609.3 千米）的距离（见图 7.13）。在流星划过的城镇里，各大报纸纷纷报道了被流星景象震撼的居民所讲述的故事。这些居民北至佛蒙特州的米德尔伯里（Middlebury），南至华盛顿特区和弗吉尼亚州。

　　一位新泽西的观测者向《纽约论坛报》（*New York Tribune*）描述了当时的场景，他的措辞不禁让人联想到惠特曼《流星年（1859—1860）》的一些细节：

　　一颗巨大的流星在地球上投下炫目的光芒，似乎从西方稍偏北方的云中穿出，缓慢而匀速地飞向东方……它……移动得如此

缓慢，如此有规律。它的头部就像两颗巨大的燃烧的星星，一颗
紧跟在另一颗后面……拖着长长的、耀眼的流光……长尾的末端
是三颗大小各异的红色火球……所有天体在运动时仿佛由一条看
不见的绳索串连着，相互之间又保留着完美的距离……它们悄悄
地向前运动，然后又消失在远处。

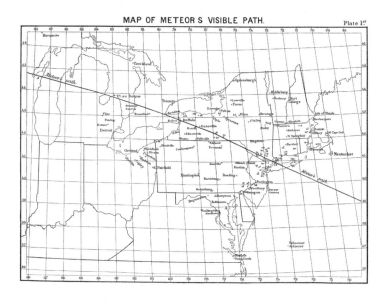

图7.13 在1870年《史密森学会的知识贡献》(Smithsonian
Contributions to Knowledge)中，詹姆斯·科芬(James Coffin)的专
题论文里有这样一张地图，图注为"1860年7月20日看到的火流星
的轨道与现象"，地图上展现了流星从西到东的路径。纽约市的观
察者——包括沃尔特·惠特曼和《哈勃周刊》的两名通讯记者——
看到流星从北方天空的左侧飞越到右侧。纽约州北部的观察
者——包括位于卡茨基尔镇(Catskills)的弗雷德里克·丘奇和位于
萨拉托加斯普林斯市(Saratoga Springs)的《哈勃周刊》的观察
员——则看到流星从南方天空的右侧飞越到左侧

虽然大部分报道来自于大众,但来自于纽约州克林顿市汉密尔顿学院天文台的天文学家 C. 彼得斯(C. Peters)、来自于纽约州奥尔巴尼市达德利天文台的天文学家奥姆斯比·米切尔(Ormsby Mitchel)、来自于马萨诸塞州伯克希尔县威廉斯敦镇威廉姆斯大学天文台的天文学家阿尔伯特·霍普金斯(Albert Hopkins),以及来自于马萨诸塞州剑桥市哈佛大学天文台的天文学家乔治·邦德(George Bond)同样看到了划过天空的流星雨。米切尔从他所在的位置评估了从地球上看到的流星大小:"两块最主要的碎片都拖着一条光尾,两者之间相差不到 2°,朝着东方飞去,在相差 8°或 10°左右的地方有几块较小的碎片,排成一条直线,亮度不及头里的两块。"

米切尔看到流星飞到"南天的心宿二下方……然后沿着一条近乎水平的直线飞到火星下方……继而向东飞行,它最终消失了……流星在 9 时 50 分的时候渐渐淡出了视野"。

许多报道提到了流星移动得异常缓慢,轨迹几乎与地球表面相平行。纽约州《纽约论坛报》的一篇报道描写道:"它的路径是水平的……它的速度与其说飞快,不如说显得庄严……这是一种我从未见过的比流星本身更壮观的景象。它的光芒一开始非常微弱,然后变得清晰,呈现蓝色、紫色、琥珀色。"

来自于宾夕法尼亚州拉斐特学院(Lafayette College)的詹姆斯·科芬最终在《史密森学会的知识贡献》上发表了一系列很长的文章,其中一篇收录了 200 多份他用于计算流星穿越大气层路径的观测资料。他认为,这颗流星从五大湖飞到纽约州西部时缓慢下降,在哈德逊河谷上空 39 英里(约 62.8 千米)处距离地球表面最近,然后在飞向长岛及大西洋时上升。

来自哈佛大学天文台的天文学家乔治·邦德将他自己的观察结果与其他地方的记录相结合,在 1860 年 8 月 1 日的《纽约时报》上发表文章断定:"壮观的流星……既没有落到地球上,也没有燃烧殆尽……而是可能突破了大气层,继续像以前一样,漫游于行星空间之中。"

1860 年 7 月 20 日的流星雨可能完成了如 1972 年 8 月 10 日日间火流星一般的壮举——掠过地球大气层之后又逃回了太空。

确认惠特曼笔下的流星

与其他有史可考的流星事件相比,1860 年 7 月 20 日的流星雨可能引发了更多的目击报道。在壮观的火流星的启发下,弗雷德里克·丘奇创作了一幅画,沃尔特·惠特曼在他的《草叶集》中添加了一首关于"奇妙浩大的流星雨"的诗。

以下是沃尔特·惠特曼的《流星年(1859—1860)》:

流星年! 发人深省之年!

我要用文字回首圈定你的业绩和征兆,

我要歌唱你的第 19 届总统竞选,

我要歌唱一位高大、白发的老人怎样在弗吉尼亚登上绞刑架,

（我就在旁边,默立观望,咬紧牙关,

我站得很近,冷静淡漠的老人,你上了年纪,身上有伤,颤抖着,你登上绞刑架;）

我要在这首诗里歌唱合众国的普查统计表，

人口和物产的表格，我要歌唱你的船只和货物，

曼哈顿的骄傲的船回来了，有的满载移民，有的装着金子从地峡回来，

所以我要歌唱，我要欢迎来到这里的所有人，

我要歌唱你，英俊的年青人，我欢迎你，英格兰的年轻王子！

（你记得吗，你和你的贵族随从们经过曼哈顿时那潮涌的人群？

我就站在人群里，欢喜地辨认出了你；）

我也忘不了歌唱那个奇迹，那艘船驶入我的海湾，

漂亮庄严的"大东号"驶入我的海湾，她长 600 英尺（约 182.9 米），

她急速行驶，簇拥她的那许多小船我也不忘歌唱；

忘不了那彗星，从北方天空闪耀来临的不速之客，

忘不了那奇妙浩大的流星雨，从我们头上划过，炫目而又清晰，

（一眨眼，就一眨眼，那些非凡的光球从我们头上划过，

然后离去，在夜里坠落，消失；）

我歌唱这些昙花一现之物——我用它们的光炫亮、装饰这些歌，

你的歌，啊，善恶杂陈的一年——预兆的一年！

短暂奇妙的彗星、流星年——瞧！连这里也有一个同样短暂奇妙的家伙！

当我匆促穿越你，马上坠落，消失，这支歌算什么，

我自己不也是你流星雨中的一颗？

詹姆斯·乔伊斯和《尤利西斯》中的"天象"

詹姆斯·乔伊斯的《尤利西斯》一直都出现在 20 世纪最伟大小说的排行榜上。这本小说里多次提到了天文信息，光是在第 17 章中，乔伊斯就写了大约 50 个与天文学有关的段落。在其中一个段落里，小说中的人物看到了一颗流星"以极快的速度划过天空"。乔伊斯在文中特别提到流星经过了天琴座、后发座和狮子座。我们应该如何根据这些信息及日期和夜晚时间的相关线索，确定到底是哪场流星雨制造了都柏林上空的这一"天象"呢？

6 月 16 日，布鲁姆日

每年的 6 月 16 日，都柏林和世界各地的许多城市都会庆祝"布鲁姆日"，以纪念詹姆斯·乔伊斯(见图 7.14)的小说《尤利西斯》。《尤利西斯》与《荷马史诗》中的《奥德赛》相似。《奥德赛》讲述了奥德修斯从特洛伊战争归来时在地中海的冒险经历，而《尤利西斯》则记录了利奥波德·布鲁姆、斯蒂芬·迪达勒斯从 1904 年 6 月 16 日早晨 8 点开始的在都柏林的漫游。乔伊斯之所以选择 1904 年 6 月 16 日，是因为这一天对他来说意义重大——这一天，他第一次和他未来的妻子在镇上散步。

在这本复杂的小说中，主人公的漫游在第 17 章结束，两人

图 7.14 詹姆斯·乔伊斯肖像画

一起在 6 月 17 日凌晨来到了位于都柏林北部的布鲁姆家后院。就在迪达勒斯即将离开的时候,一颗流星划过了几个星座。"他们两人同时观测到了什么样的天象? 一颗星明显以极快的速度划过天空,从天顶上天琴座的织女星飞向后发座的星群,朝着黄道上的狮子座直冲过去。"

《尤利西斯》中的天文学

在整部小说中,人物一直都在讨论或思考天文问题。布鲁姆买了一本书,"里面有精彩的图片……星星啦,月亮啦,拖着长尾巴的彗星啦。是一部关于天文学的书"。他的书房里有一本罗伯特·鲍尔(Robert Ball)爵士的《天空的故事》,而且他对鲍尔有关各颗星星之间距离的讨论也都了如指掌。此外,乔伊斯还在小说里提到了即将到来的日食和月相,以及 1572 年的第谷超新星。书中也提到了大熊座、武仙座和天龙座,昴星团和毕星团中明亮的红巨星阿尔法,还有北冕座、仙后座、猎户座及猎户座星云。书中还涉及即将到来的夏至、火星表面的标记、1901 年现世的英仙座新星,以及天文学家"伽利略、西蒙·马吕斯(Simon Marius)、皮亚齐(Piazzi)、勒威耶(Le Verrier)、赫歇尔(Herschel)、加勒(Galle)"的天文学发现。

乔伊斯在《尤利西斯》中引用了一些非常精准的天文数据,这些数据出自《1904 年汤姆的官方名录》(*Thom's Official Directory for* 1904)这本都柏林年鉴。例如,在小说的结尾部分,布鲁姆在 1904 年 6 月 17 日凌晨描述道:"月亮即使在近地点,也看不见。"我们的计算机的计算结果与《1904 年汤姆的官方名录》一致显示,这一天是新月之后的第三天。一轮弯弯的蛾眉月会在 6 月 16 日深夜 11 点之前落下,因此在 6 月 17 日早上的确是看不见月亮的。"月球近地点"这个术语指的是月球到达其轨道上最靠近地球的那一点。《1904 年汤姆的官方名录》和计算机都显示,月球在 6 月 17 日中午左右到达近地点,这也和乔伊斯所说的完全一致。

时间和时间表

乔伊斯把每章和每天中的一小时联系起来。小说中有很多关于时钟、教堂钟声和时间的描写。但尽管如此,困惑依然存在,在小说的后半部分尤其如此。乔伊斯还提供了两份互相矛盾的时间表,从而增加了这种困惑。这两份时间表列出了与每章相匹配的时间,其一是乔伊斯在 1920 年为卡罗·利纳蒂 (Carlo Linati)所写的时间表,其二是斯图亚特·吉尔伯特 (Stuart Gilbert)在 1930 年公布的时间表。

布鲁姆和迪达勒斯在看到流星之后,他们听到"圣乔治教堂 的那组钟报起深夜的时辰……叮当,叮当,叮当,叮当"。这种 报时方式被称为"西敏寺鸣钟",它源于伦敦大本钟鸣钟,每半 小时报一次时。但此时是哪半小时呢?研究乔伊斯的现代学 者认为,根据乔伊斯给利纳蒂的时间表,第 17 章中涉及观测 流星的这段时间指的是凌晨 1 点至凌晨 1 点半;而根据吉尔 伯特的时间表,钟声响起的时间则是凌晨 2 点至凌晨 2 点半; 根据最近唐·吉福德(Don Gifford)和罗伯特·塞德曼(Robert Seidman)的分析,这指的甚至可能是凌晨 3 点至凌晨 3 点半。

头顶的星座

我们得克萨斯州立大学团队意识到,根据乔伊斯的描述,我 们可以确定来自于"天顶上天琴座"附近的流星。天顶是指天空 中直接位于我们头顶上的那个点。通过天文馆软件,我们确定, 在都柏林上空、天顶南方不远处,天琴座的四颗星星会分别在凌 晨 0 时 54 分(天琴座 α)、凌晨 1 时 07 分(天琴座 β)、凌晨 1 时 16 分(天琴座 γ)和凌晨 1 时 11 分(天琴座 δ)到达最高点。1904 年,都柏林尚未采用现代时区,因此上述时间指的都是都柏林的 地方平时,比格林尼治标准时间晚了 25 分钟。所以天文学分析 支持乔伊斯给利纳蒂的时间表,布鲁姆和迪达勒斯在凌晨 1 点 至凌晨 1 点半之间看到了流星。

确认乔伊斯的流星雨

乔伊斯所述的流星从天顶附近的天琴座周围开始落下，穿过后发座，然后消失在了西北方狮子座附近的地平线（见图 7.15）。我们可以将这颗流星与一场已知的、一年一度的流星雨联系起来吗？

图 7.15　这张图展现了 1904 年 6 月 17 日地方平时凌晨 1 点（相当于格林尼治标准时间凌晨 1 时 25 分）左右都柏林上方的天空。正如《尤利西斯》第 17 章中描写的那样，流星从天顶（位于头顶正上方的点）附近的天琴座开始下降，穿过后发座和西北方地平线附近的狮子座

20 世纪初期,天文学家并未在 6 月中旬发现任何流星雨。1966 年,加利福尼亚州的观测者斯坦·德沃夏克(Stan Dvorak)在写给《天空与望远镜》杂志的一封信中首次将 6 月的天琴座流星雨公之于众:

6 月 15 日晚上,我在洛杉矶东面大约 70 英里（约 112.7 千米）远的圣贝纳迪诺山(San Bernardino Mountains)上露营……我注意到有一颗非常明亮的流星极速飞向东北方,并飞越了天琴座……在 1.5 小时里,我记录下了 16 颗流星,其中有将近 3 颗属于流星雨的一部分……大多数移动得非常快……似乎从……天琴座和武仙座边界附近辐射开来。它们的颜色从亮白色到蓝绿色不等,燃烧殆尽时又会呈现黄色……如果还有人看到了这场短暂的流星雨,我将对你们的来信十分感兴趣。我查阅的文献里并没有哪一份记载这场流星雨。

经世界各地的天文学家证实,在 20 世纪六七十年代,这场流星雨确实存在。

有趣的是,《尤利西斯》中的这段话表明,乔伊斯可能在 1904 年 6 月 16—17 日漫步都柏林时看到了 6 月的天琴座流星雨,比观测者们普遍承认这场流星雨的时间早了 60 多年。

每年,世界各地的《尤利西斯》读者会在 6 月 16 日这一天庆祝"布鲁姆日"。在爱尔兰的酒吧里喝上一两杯后,那些庆祝"布鲁姆日"的读者或许会抬起头来,看看天顶附近的天琴座,运气好的话,兴许还能看到重现的天象。

致　谢

　　除了自序中提到的埃德加·莱尔德和詹姆斯·玻尔之外，其他几位学者也分享了一些关键思路，为得克萨斯州立大学团队的研究提供了指导。

　　来自哈佛大学的欧文·金格里奇(Owen Gingerich)率先运用现代计算机来分析哥白尼、伽利略、开普勒等天文学家所在时代的天空，这启示我们计算机不仅可以被用于预测未来的天文学事件，还可以用来分析历史时期的天空。

　　当我们着手研究乔叟笔下的天空及塔拉瓦战役中的潮汐时，个人电脑才问世不久。那时，天文计算专家琼·米斯的著作极具价值，为在任意时刻、任意地点下演算恒星、行星、卫星的位置提供了方法。

　　我的姐妹凯伦·哈森弗拉茨(Karen Hasenfratz)建议我们到巴黎近郊的奥维尔镇寻找一座与文森特·凡·高有关的白房子。最后，我们找到了文森特·凡·高在奥维尔镇及法国南部普罗旺斯圣雷米镇附近观察夜空的多处地点。此外,我们也在挪威重走了爱德华·蒙克走过的道路,并在瑞士看月亮爬上迪奥达蒂别墅上方的夜空——玛丽·雪莱就是在这里开始创作《弗兰肯斯坦》的。

来自哈佛大学的查尔斯·惠特尼也为我们的研究方法提供了一条重要思路。在我们对文森特·凡·高的《有星星和丝柏的小路》进行天文学分析之后,惠特尼用气象记录支持了我们的分析结果。惠特尼此前访问了法国气象局档案馆,收集了凡·高生活时代的气象观测资料。根据惠特尼的判断,在一周的恶劣天气之后,我们提出的作画日期当天天空晴朗,凡·高可能会在那天出去画画。自那时起,我们做每个项目都会遵循惠特尼的指导,同时也会与法国气象局档案馆合作,以确定文森特·凡·高和爱德华·蒙克支起画架时的天气情况。

另外,书中各处时常会提及“我们得克萨斯州立大学团队”。英语系的玛丽莲·奥尔森(Marilynn Olson)和物理系的罗素·多斯彻(Russell Doescher)几乎在每个项目中都会与我合作。阿尔凯克图书馆(Alkek Library)的研究馆员玛格丽特·瓦维雷克在我们查找那些难以找到的文章、早期的历书和潮汐表等研究所需的一切文件材料时,为我们提供了特别宝贵的帮助。

自1994年起,我给得克萨斯州立大学荣誉学院的学生上“艺术、历史和文学中的天文学”课程。多年以来,不少学生与我一同研究,并与我联名发表了相关文章。

1994年,时任荣誉学院院长的罗恩·布朗(Ron Brown)鼓励我开设了这门课程。之后,尤金·布儒瓦(Eugene Bourgeois)与希瑟·盖洛威(Heather Galloway)及其他行政人员、我的物理系主任吉姆·克劳福德(Jim Crawford)与戴夫·唐纳利(Dave Donnelly),以及我们理学院院长史蒂芬·塞德曼(Stephen Seidman)都为学生参与研究考察提供了鼓励与经费支持。而且,我非常感激荣誉学院的本科生研究基金会,同时也要感谢得克萨斯州立大学批准我在 2010 年秋季休假。另外,来自美国-斯堪的纳维亚基金会的校外经费为"爱德华·蒙克笔下的挪威天空"这一研究项目提供了支持。

多年来,路易斯安那州立大学的布拉德利·谢弗也与我在天文学与人文学科方面进行了多次宝贵而有益的讨论。

《天空与望远镜》杂志的编辑列夫·罗宾森(Leif Robinson)、里克·费恩伯格(Rick Fienberg)和鲍勃·奈耶(Bob Naeye)给予了我们鼓励,并为我提供了明智的建议。本书中的大部分话题都来自于研究项目,后来整理成文,发表在了 1987 年至今的《天空与望远镜》杂志上。这些文章收录于《天空与望远镜 70 年合集》(*The Complete Sky & Telescope : Seven Decade Collection*)一书中,目标读者是天文爱好者。

《天空与望远镜》杂志的罗杰·辛诺特是一位重要的同事,也是我们得克萨斯州立大学团队的荣誉成员。除了帮我们编辑许多文章之外,罗杰也检验了我们的计算结果,并跟随我们进行了 6 次考察。最近,罗杰使用六分仪等设备测量了爱德华·蒙克在星空下所绘道路的坡度及克劳德·莫奈在日落时分所绘悬崖的高度角。

我很感谢我的研究生导师、加州大学伯克利分校的雷·赛克斯(Ray Sachs),我的博士后导师、康奈尔大学的埃德·萨尔皮特(Ed Salpeter)和得克萨斯州立大学奥斯汀分校的热拉尔·德·佛科留斯(Gérard de Vaucouleurs),他们教会了我如何以科学的方式思考,以及如何对证据做出判断。

这里尤其要感谢与我联名发表了几篇项目文章的劳里·亚辛斯基(Laurie Jasinski),她对本书各个章节进行了仔细的阅读和编辑。

我还想感谢来自博物馆、档案馆和研究机构的地方史专家对我们研究项目的支持。

唐纳德·奥尔森
于美国得克萨斯州圣马科斯市得克萨斯州立大学